免费开放科技馆概览暨参观指南

任　鹏　任福君　编著

中国科学技术出版社
·北　京·

图书在版编目（CIP）数据

免费开放科技馆概览暨参观指南 / 任鹏，任福君编著. — 北京：中国科学技术出版社，2020.8

ISBN 978-7-5046-8745-6

Ⅰ. ①免… Ⅱ. ①任… ②任… Ⅲ. ①科学馆－中国－指南 Ⅳ. ① N282-62

中国版本图书馆 CIP 数据核字（2020）第 140318 号

策划编辑 王晓义
责任编辑 王晓义 王 琳
封面设计 孙雪骊
正文设计 中文天地
责任校对 邓雪梅
责任印制 徐 飞

出　　版 中国科学技术出版社
发　　行 中国科学技术出版社有限公司发行部
地　　址 北京市海淀区中关村南大街 16 号
邮　　编 100081
发行电话 010-62173865
传　　真 010-62173081
网　　址 http://www.cspbooks.com.cn

开　　本 710mm × 1000mm 1/16
字　　数 235 千字
印　　张 16.5
版　　次 2020 年 8 月第 1 版
印　　次 2020 年 8 月第 1 次印刷
印　　刷 北京荣泰印刷有限公司
书　　号 ISBN 978-7-5046-8745-6 / N · 271
定　　价 48.00 元

内容简介

为了方便公众参观免费开放科技馆，让更多人了解全国免费开放科技馆，提升参观效果，作者特地编写了《免费开放科技馆概览暨参观指南》。本书主要介绍了全国地市级以上免费开放科技馆的一般情况、特色展品展项、参观信息、网站等，也介绍了几个暂时没有免费开放的著名科技馆和科学中心的概况，供广大读者参考。本书还整理了一些参观科技馆的必要知识、参观技巧、注意事项等，以参观免费科技馆小贴士的形式收于附录中，旨在帮助读者有准备地参观科技馆，从而获得更好的参观效果。

本书可作为公众了解我国免费开放科技馆的参考书，可作为参观免费开放科技馆和其他科普场馆的指南，也可为科普爱好者、科普实践和研究工作者开展相关工作和研究提供参考。

前　言

2015年3月，中国发生了一件利国利民、惠及民生的事——科技馆免费开放。2015年3月4日，中国科协、中宣部、财政部发出《关于全国科技馆免费开放的通知》，组织全国符合条件的科技馆积极申报免费开放，拉开了全国科技馆免费开放的序幕。全国科技馆免费开放是向公众提供公平均等科普公共服务的重要内容，对丰富人民群众精神文化生活，提高全民科学素质，推进社会主义核心价值观建设和创新型国家、文化强国、美丽中国建设，都具有重大的意义。全国科技馆免费开放政策的实施，带动全国科技馆开启了崭新的工作格局，取得了良好的社会效益，吸引了更多的观众走进科技馆，了解科技馆的功能和作用，积极参与科技馆组织的各类科普活动，享受更多更好的科普公共服务，免费享受科学的大餐。这一政策的实施树立了免费开放科技馆的良好社会形象，为提升我国公民科学素质提供了重要支撑。

为及时掌握新时期我国科技馆免费开放相关政策落实情况和成效，了解各地科技馆运营管理情况、提供公共服务的基本情况及其社会效益，受中国科协科普部委托，中国科协创新战略研究院对“全国科技馆免费开放”实施情况和综合成效进行了第一期的第三方评估，给出了客观评价，形成了评估报告，为后续更有效地开展工作提供了有力支撑。目前，中国科协科普部正在组织开展对2015—2019年的“全国科技馆免费开放”实施情况的第三方评估工作，我们期待着有更多的发现和更好的建议。

自2015年开始实施全国科技馆免费开放政策以来，免费开放科技馆的数量逐年增加，到2019年已达219家。为了让更多的观众了解全国免费开放科技馆，有更多的机会参观免费开放科技馆，我们编写了《免费开放科技馆概览暨参观指南》。书中主要介绍了全国地市级以上免费开放科技馆，以及中国科学技术馆、上海科技馆、广东科学中心、宁波科学探索中心等暂时没有免费开放的知名科技馆的一般情况。本书还整理了参观科技馆的一些必要知识、注意事项等，作为本书附录。

本书第一部分内容由任鹏编写，其他部分内容由任福君编写。由于资料信息不够完整和篇幅有限等原因，本书还只是停留在对科技馆的一般介绍上。我们会进一步收集、整理、研究更多的与免费开放科技馆相关的文献资料，并将总结我们参加的相关项目的研究工作，再版时修订完善并扩展更多有用、有趣的内容，奉献给广大读者。

本书的数据资料主要来源于以下渠道：科技馆官方网站、科技馆微信公众号、各级科学技术协会官方网站、百度百科、数字科技馆官方网站、中国自然科学博物馆协会官方网站、央广网、人民网，以及各地科普网、微传媒等。在此，对提供数据的各方表示感谢。

本书编写过程中，得到了中国科协科普部的支持和帮助，得到了免费开放科技馆的支持和帮助，在此一并表示感谢。

作者

2020年6月1日

目 录

Contents

第一部分 地市级以上免费开放科技馆

第二部分 暂时没有免费开放的著名科技馆和科学中心

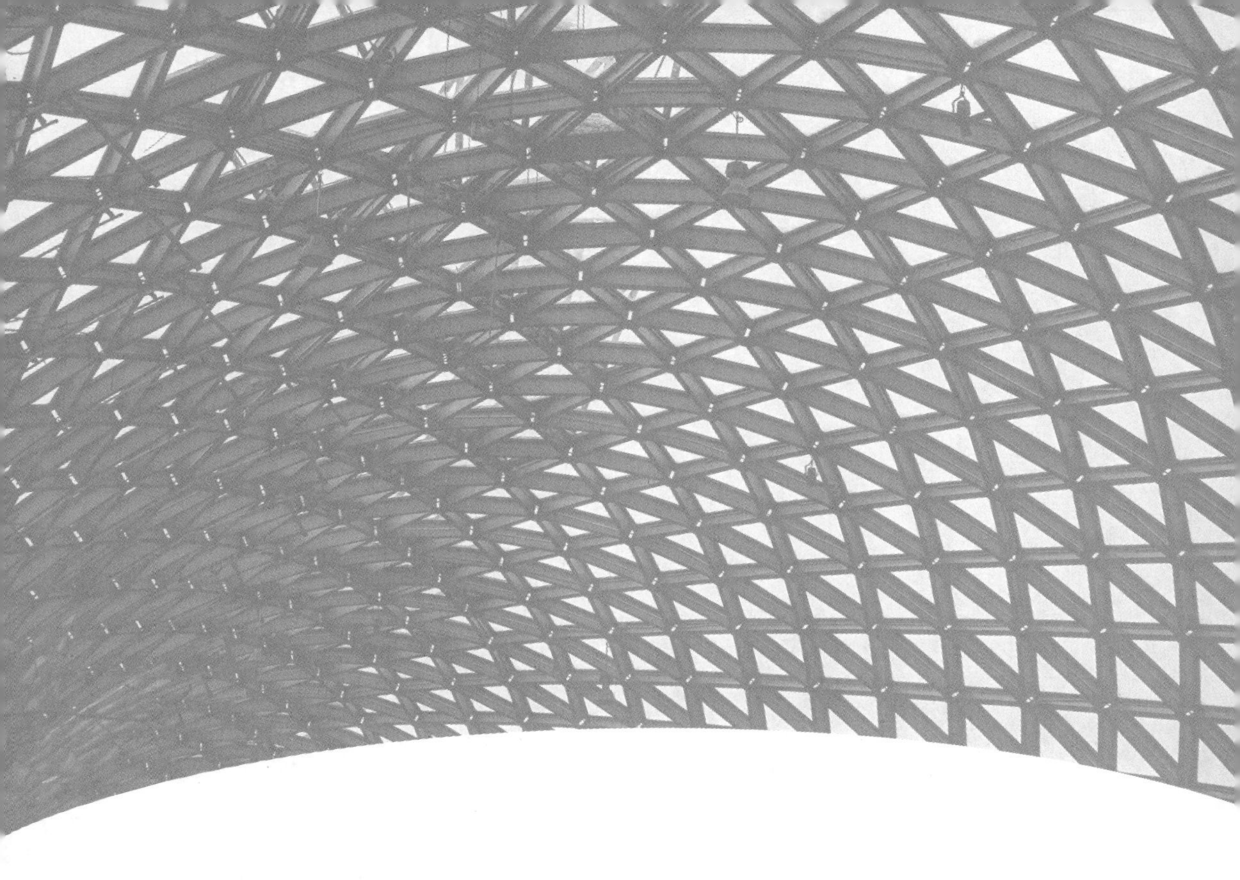

第一部分
地市级以上免费开放科技馆 ≫

一、北 京 市

北京科学中心

1. 简介

北京科学中心地处北京市西城区北辰路，位于北京中轴路沿线、安华桥西北角，占地面积 5.7 万平方米，建筑面积约 4.35 万平方米，展览展示面积近 1.9 万平方米。北京科学中心是北京市科学技术协会所属事业单位，是面向公众的大型科技场馆，2019 年对外免费开放。

北京科学中心紧紧围绕北京是中华人民共和国的首都和全国政治中心、文化中心、国际交往中心、科技创新中心的战略定位，顺应世界科技场馆发展需求，坚持以建设与北京城市发展战略地位相匹配的科普新地标为目标，突出科学思想和科学方法的传播，突破“一楼一宇”地域束缚，面向社会、面向世界、面向未来，讲好北京发展故事、讲好科技创新故事、讲好科技文化故事，努力打造与科技创新中心相匹配的世界一流科学中心。

2. 主要展项或展区

北京科学中心由“三生”主题馆（2 号楼）、特效影院（1 号楼）、儿童乐园（4 号楼）、科技教育和行政办公区（3 号楼）4 幢独立建筑组成。分为“三生”主题展、儿童乐园、特效影院、首都科技创新成果展、科学广场、临时展区、科技教育专区和首都科普剧场 8 个展览展示功能区。

（1）“三生”主题展。“三生”主题展位于 2 号楼 2~5 层，是北京科学中心科学传播功能的主要载体，分为“生命乐章”“生活追梦”“生存对话”3 个展厅，布展面积 6860 平方米，展品、展项 180 件（套），引导公众科学地审视生命的价值、追求生活的品质、思考生态的和谐。科学中心以“三生”主题展作为展教内涵提升的突破口，对现有的 180 件展项进行主题归纳，梳理出 54 条展线，设计了 54 个主题化科教课程，使公众特别是孩子们每到一个区域便进入一个情境，对应特定课程体验关联展项，更有助于孩子们专注学习和辅导员深度引导，领悟展项蕴含的科学思想和科学方法。

“生命乐章”展区位于 2 号楼 2 层，内容涉及生命领域的传统知识及前沿科技，引导公众科学地审视生命的价值，思考地球生物圈和谐共存的意义。

“生活追梦”展区位于 2 号楼 3 层，围绕与百姓密切相关的便捷出行、衣食起居、健康生活、智慧生活等内容展开，传播“科学改善生活，科技引领未来”的理念。

“生存对话”展区位于 2 号楼 4 层、5 层，围绕人与自然、资源和环境的关系，讲述人的生存现状，探索人与自然之间的相互影响、相互作用，强化生存环境改善的紧迫感，探讨可持续发展的有效途径。

（2）儿童乐园。儿童乐园位于 4 号楼，布展面积 3820 平方米，分为“奇趣大自然”“小小科学城”“健康小主人”3 个展区和亲子活动区，展品、展项 76 件（套），通过观察和体验激发小朋友产生浓厚的科学兴趣。

“奇趣大自然”展区，营造森林、湿地、雪山、沙漠、水流等自然场景，将动物、植物、矿物、天文等小知识融入其中。

“小小科学城”展区，展示基础科学中的力学、热学、声学、光学等经典知识。

“健康小主人”展区，通过学习如何保护牙齿、感受心脏的跳动、了解人体组成等体验方式，让小朋友认识到身体健康的重要。

亲子活动区，包括交通信号、积木搭建、动画制作、手工绳艺、风的实验等，家长与孩子可共同完成各项有趣的体验活动。

（3）特效影院。特效影院位于1号楼2层以上，面积650平方米，该影院目前正在建设中，可分不同时间段播放不同类型的科教影片。影院能容纳观众350人，并设有无障碍席位。

（4）首都科技创新成果展。首都科技创新成果展位于1号楼1层，布展面积1150平方米，展示前沿科技和创新成果，深度挖掘科研历程和创新过程，为受众讲好思想方法故事，讲好精神传承故事，发挥激励人、引导人、影响人、启发人的作用。

（5）科学广场。科学广场展品分布在1号楼及2号楼周边，未占用中心圆形区域，布展面积2800平方米，包括科普展品和户外气象站，设置若干互动展项设施，体现科学性、艺术性、休闲性，用于科普展示、公众休闲及功能区拓展。

（6）临时展区。临时展区位于2号楼1层，有两个独立展厅，布展面积1390平方米，作为主展区的补充和延伸，向公众传递新的科技讯息，聚焦热点，突出时效，举办快速反映国内外尤其是北京科技发展的新情况及各行业情况的主题展览。

（7）科技教育专区。科技教育专区位于3号楼1~4层，围绕“科学思想与方法”的学术研究、示范教学、名师培养、成果转化、资源传播等方面开展系统建设，打造科教领域创新要素的集聚区、教学改革的策源地、创新成果的示范区。

（8）首都科普剧场。首都科普剧场位于2号楼地下1层，联合首都地区科普和文化企业、院校等机构，共同打造集创作、表演、培训、管理于一体的“非实体、联盟式”的首都科普剧团。

北京科学中心参观不需门票，但需通过中心官网提前预约。

3. 地址与联系方式等信息

地　　址：北京市西城区北辰路9号院

官　　网：http://www.bjsc.net.cn

咨询热线：010－83059999

电子邮箱：bjsc@bjsc.net.cn

开馆时间：周三至周日

北京科学中心官方微信公众号

二、天 津 市

（一）天津科学技术馆

1. 简介

天津科学技术馆（简称天津科技馆）坐落于天津市文化中心区域内，是国家 AAA 级旅游景区和天津市著名的旅游景点。天津科技馆建于 1992 年，占地面积 2 万平方米，建筑面积 1.8 万平方米，投资 1.14 亿元，1995 年正式对外开放，2010 年进行大规模综合改造，2015 年对外免费开放。

天津科技馆主体建筑上方的球形建筑为宇宙剧场，装有 IWERKS 870 穹幕电影放映设备和 DIGISTAR Ⅱ 电子天象仪，可放映科教电影和天文节目。

天津科技馆是全国首批“科技馆活动进校园”试点单位，多年来，配合学校课程改革，走进中小学校、社区开展科普表演、科学实验、科普展览等形式的科学普及活动。

2. 主要展项或展区

天津科技馆常设展厅 10000 平方米，临时展厅 1000 平方米，展品、展项 300 余件（套）。展品、展项主要分布在 1 层和 2 层。主要展区有“探索发现”“梦幻剧场”“智慧结晶”“认识自我”“机器人天地”“梦想天地”，还有“天象厅”和“宇宙剧场”两个演播区。

（1）“探索发现”展区。分为数学、力学、声学、磁电、光学 5 部分，展示物理学、数学等基础学科相关的各种展品。

（2）“梦幻剧场”展区。采用全息技术及真人秀结合的演绎模式，配备绚丽的灯光音响设备，使公众仿佛身临其境。

（3）“智慧结晶”展区。面向人类探索未知、改善生存环境、提高生活质量的各种挑战，展现世界高新前沿科技及其突破，重点展示高新技术给人类生产、生活带来的巨大变化。

（4）“认识自我”展区。以“人”为主题，通过立体标本、模型、多媒体、参与互动等形式相结合的展示方式，展示人的心理测量、人的感官认知活动、青春期教育方面的知识。公众可以通过亲身体验来了解人体奥秘相关的科普知识。

（5）“机器人天地”展区。包含机器人发展时光轴与典型藏品两大部分，演绎了机器人及相关人工智能技术随时间不断更迭、推陈出新的历史。内容兼顾历史、技术、体验、教育、互动等多重元素，把机器人及相关人工智能技术充分展现在公众面前。

（6）“梦想天地”展区。该展区专门为少年儿童设置。展区色彩鲜明，展品设计新颖。孩子们在这里可以轻松愉快地学习科学知识，提高科学素质和能力，促进身心健康发展。

（7）“天象厅”。采用国际先进技术设计，拥有直径 8 米的穹幕，可容纳 28 名观众。在这里可以观赏到浩瀚的宇宙星空，沉浸在深邃的宇宙星系中学习天文知识，同时，以先进的交互技术，实现与星空、星体的虚拟互动，体验探索宇宙的奥秘。

（8）“宇宙剧场”。内部装有直径 23 米的倾斜式铝质天幕、全天域穹幕电影放映系统。穹幕电影通过超常视野鱼眼镜头的拍摄和全天域穹幕放映，场面壮观、效果逼真。

除常设展览，天津科技馆还常年举办主题展览、科普报告会，展演科普剧和系列科学表演。其中，天文科普活动已成为一大亮点，独具特色。

天津科技馆按照“免费不免票、团体需预约”的原则，实行“凭证领券，凭券入场”的免费参观和票务管理办法。穹幕电影、常设展厅内部分展项的定时演示和讲解为非基本服务，实行收费制。

3. 地址与联系方式等信息

地　　址：天津市河西区隆昌路 94 号

官　　网：http://www.tjstm.org

咨询热线：022–28320315

开馆时间：周三至周日

天津科学技术馆
官方微信公众号

（二）武清区科技馆

1. 简介

武清区科技馆地处天津市武清新城的核心区，坐落于武清商务区畅源道国际企业社区，是目前武清区唯一的一家集科学性、知识性、趣味性、体验性于一体的新型科学体验馆，为公众，特别是青少年，参与科普、学习科技、体验科学提供平台。场馆建筑面积 0.28 万平方米，2017 年 7 月经过改造升级并投入使用。武清区科技馆 2019 年对外免费开放。

2. 主要展项或展区

武清区科技馆常设展厅面积 1242 平方米，展区以经典物理学和数学等基础科学为主要内容，展品、展项 72 件（套），展板 166 块，展览布局为 2 层。

1 层为科技发展史展区。展览内容包括中国古代科技发展史、中国近代科技发展史、世界科技发展史、社会主义核心价值观宣传。

2 层为科技体验区。设“声光天地”“电磁奥秘”“力与机械”等 6 个展区，还有各种设备可供公众亲身体验，感受科技的奥妙和魅力。

3. 地址与联系方式等信息

地　　址：天津市武清商务区畅源道国际企业社区 C3 座

咨询热线：022-82939533

开馆时间：周三至周日

武清区科技馆
官方微信公众号

三、河 北 省

（一）河北省科学技术馆

1. 简介

河北省科学技术馆（简称河北省科技馆）是隶属河北省科学技术协会的省级综合类科技馆。河北省科技馆由新馆和旧馆两部分组成。旧馆于 1987 年落成，位于石家庄市裕华东路 103 号，占地面积 1.4 万平方米，建筑面积 1.8 万平方米，由展厅、教室、影像厅、报告厅和办公区等组成。新馆于 2006 年 3 月 23 日开馆，位于石家庄市东大街 1 号，建筑面积 1.27 万平方米，总投资约 1.5 亿元，由常设展厅、宇宙剧场、4D 演播厅及辅助建筑组成。河北省科技馆 2015 年对外免费开放。

河北省科技馆开展了常设展览、临时展览、巡回展览、科普画廊、穹幕科教电影、4D 科教电影、科学表演、科普讲座、天文观测、科普活动月（周）、科技培训等形式的科普教育活动，已成为省会及周边地区重要的科普教育基地、休闲文化场所，以及中小学教育的第二课堂。被科技部、中宣部、教育部、中国科协评为“全国青少年科技教育基地”，被中国科协评为“全国科普教育基地”。

2. 主要展项或展区

河北省科技馆展厅面积 7820 平方米，常设展厅包括“力与机械”“电与磁”“数学”“光与影的世界”“身边的水”“生命与健康”“防震减灾”“机器人”等，展品、展项 300 余件（套），内容涉及基础科学、技术应用等领域。

宇宙剧场安装了从日本引进的光学天象仪和穹幕电影放映设备，可以放映天象节目和科学探险影片，4D 演播厅播放特效影片，给观众以身临其境的感觉。此外，馆内还有儿童乐园。

河北省科学技术馆常设展厅、公益性科普讲座、科普剧演出和科普实验表演免费开放。穹幕电影、天象演示片、4D 电影不免费，须购票观看。

3. 地址与联系方式等信息

旧馆地址：河北省石家庄市裕华东路 103 号

旧馆联系电话：0311-85936720/ 85936751

新馆地址：河北省石家庄市东大街 1 号

新馆联系电话：0311-85936788

官　　网：http://www.hbstm.cn

订票热线：0311-85936789

开馆时间：周二至周日

河北省科学技术馆
官方微信公众号

（二）张家口市科技馆

1. 简介

张家口市科技馆位于河北省张家口市桥东区五一路119号。张家口市科技馆建立于1987年，建筑面积3580平方米，展厅面积1230平方米，1990年8月竣工并于当年年底投入使用，是全国地市级城市较早建设的科技馆之一。聂荣臻元帅亲自题写了“张家口市科技馆”馆名。张家口市科技馆2015年对外免费开放。

2. 主要展项或展区

张家口市科技馆2005年由河北省科技馆捐赠了100多万元的科普展品，建成“声光电常设科普展厅”。

3. 地址与联系方式等信息

地　　址：河北省张家口市桥东区五一路119号
咨询电话：0313-2025151
开馆时间：周三至周日

本书出版时该馆暂未开通官方微信公众号

（三）邯郸市科学技术馆

1. 简介

邯郸市科学技术馆位于河北省邯郸市丛台区展览馆路40号，成立于1980

年，占地面积5700平方米，建筑面积3000平方米，展厅面积1050平方米，2016年对外免费开放。

2. 主要展项或展区

馆内设展教厅、科技讲座室、学术活动室、图书室、影视厅、青少年科技活动制作室等。此外，科学技术馆2层收藏了各种科技书刊和历史名著等6400册。

邯郸市科学技术馆开展了科技展览、青少年科技制作展览、科技人员培训、科普讲座和报告会等活动。

3. 地址等信息

地　　址：河北省邯郸市丛台区展览馆路40号

开馆时间：周一至周五

本书出版时该馆暂未开通官方微信公众号

四、山 西 省

山西省科学技术馆

1. 简介

山西省科学技术馆（简称山西省科技馆）新馆建设项目于 2008 年 7 月 2 日举行开工典礼，2013 年 10 月 1 日正式开馆。山西省科技馆位于山西省太原市长风商务文化区。科技馆占地面积约 4.7 万平方米，总建筑面积 3 万平方米，是山西省重要的科普基础设施，2015 年对外免费开放。

2. 主要展项或展区

山西省科技馆的功能主要包括：常设展览、短期专题展览、特效科普影视（包括穹幕影院、XD 动感影院等）、天文观测、科普讲座、科学实验、科技培训及科普休闲等。

常设展览面积 11570 平方米，分为“数学”“宇宙与生命”“机器与动力”“儿童科学乐园”“走向未来”5 个主题展厅，有 282 个展项，分为 4 层布展。

1 层展厅主题为“数学”。有 28 个展项，以突出数学的社会化功能为特色，包括“数学史”“数学家”“数学与人类活动”及体现数学思想和数学方法的参与互动展项等部分，引导观众理解数学，启发公众运用数学方法和数学思维解决学习与工作中遇到的问题，使公众感受到数学的魅力，于潜移默化中陶冶人们的理性精神、培养人们的逻辑思维习惯。

2层展厅主题为“宇宙与生命”。有87个展项，以“宇宙”“黄土地——天上飞来的家园”“生命”“人体”为题分为4个分展区，展示人类对自然的探索及其过程中体现的智慧。

3层东侧展厅主题为“机器与动力”。有59个展项，以“机械”“能源”“材料”为分主题，展示科学技术发展给人类社会带来的巨大变化。

3层西侧展厅主题为“儿童科学乐园”。有24个展项，以“生命的智慧”“生活的智慧”“生存的智慧”为3个分主题，针对3~7岁的低龄段儿童，寓教于乐，为孩子们提供科技发展带来的快乐体验，开启通向科学之门。

4层展厅主题为“走向未来”。有80个展项，以“交流”“水——生命之源”“碳循环——地球文明就是一个以‘碳’为基础的碳基文明”“探索太空”为分主题，展示人类在与环境和谐发展过程中体现的智慧和在宇宙探索中所发展起来的航空航天技术。

公共空间有4个展项，包括：“独立源头的7个文明发祥地”展项、“谁执彩屏当空舞”机械舞动手臂、墙体“动态二维码”和“智能建筑显示屏”。

3. 地址与联系方式等信息

地　　址：山西省太原市长风商务文化区广经路17号

官　　网：http://www.szstm.com

咨询热线：0351-6869850/6869817

开馆时间：周三至周日

山西省科学技术馆
官方微信公众号

五、内蒙古自治区

（一）内蒙古自治区科学技术馆

1. 简介

内蒙古自治区科学技术馆（简称内蒙古科技馆）位于呼和浩特市回民区新华大街，2010年8月开工奠基，总建筑面积4.83万平方米，展览教育面积2.88万平方米，建筑总投资6.083亿元，2016年9月建成对外免费开放，是内蒙古自治区唯一的综合性科普场馆。

内蒙古科技馆外形以“旭日腾飞”为创意，造型寓意马鞍、哈达、沙丘等地域特色和内涵，整体造型以旭日东升为基底，赋以“草原升起不落的太阳”的意境。屋面采用独特的双曲面空间管桁架结构，最大悬挑长度达39.2米，属于目前国内设计复杂、施工难度大的钢结构工程之一。

2. 主要展项或展区

内蒙古科技馆常设展览围绕“探索·创新·未来”的主题，设置了“探索与发现”“创造与体验”“地球与家园”“生命与健康”“科技与未来”“宇宙与航天”“魅力海洋”7个主题展区以及儿童乐园、智能空间等，共设展品及展项457件（套）。此外，还设有数字立体巨幕影院、数字球幕影院、4D动感影院、多间科学实验室、专题展览厅、科普报告厅等。

（1）“探索与发现”展区。展区建筑面积约3028平方米，以基础科学和自然现象为展示对象，设置“发现电磁波、地球磁场、光影随行”等展品139件（套）。

（2）“创造与体验”展区。展区建筑面积约552平方米，通过展示机器人在生产、生活中的应用，让观众体验现代高科技、数字化的生活，感受科技发明为人类带来的福祉。展区设置系列互动展品，观众在互动参与过程中可以亲身体验科技创新如何改善和改变人们的生活品质和生活方式，感受科技发展给社会、工作、生活各方面带来的深刻影响。展区设置“信息发展历程”“虚拟漫游”等展品20件（套）。

（3）“地球与家园”展区。展区建筑面积约1200平方米，以增强人类的环保意识为主题，设置“物种灭绝”“保护草原”“地震剧场”等展品16件（套）。

（4）“生命与健康”展区。展区建筑面积约1200平方米，主要展示生命从无到有、从简至繁的历程，展示人类探究生命诞生、形成、发展的过程中科技所起的巨大作用。具有民族特色的传统医学、蒙医学在此得到突出展示，凸显了蒙医的特色和蒙药、蒙医疗法的与众不同。展区设置“大滚轮”“蒙医特色疗法”“人类的进化”等展品27件（套）。

（5）“科技与未来”展区。展区建筑面积约为1200平方米，着眼于当代人类面临的主要问题，即自然资源的过度开发、地球自然环境和当前城市发展带来的一系列问题等。展区设置“直升机体验”“变形者汽车”“双轮自动平衡车”等展品35件（套）。

（6）“宇宙与航天”展区。展区建筑面积约2034平方米，主要展示宇宙天体知识，并由远而近介绍宇宙、河外星系、银河系，以及太阳系内的太阳、八大行星等天体的运动状态及星象奇观。展品设计以“神舟”飞船为线索，展示航天飞行的科学原理和空间利用的相关知识，同时介绍我国航天事业从无到有、从小到大的伟大成就，以及内蒙古草原对我国航天事业发展的支持和贡献。展区设置“木星”“土星”“望远镜集合”等展品 44 件（套）。

（7）“魅力海洋”展区。展区建筑面积约 1910 平方米，展示内容围绕人与海洋的关系展开，以认识海洋、探索海洋、利用海洋、海洋未来展望为主线，选取最能突出海洋魅力特征的主题——海洋相关自然现象、海洋生态及生物多样性、矿产资源、深海和冰冻海洋、海洋工程、海洋利用、海底城市等，展示人类认识、探索、利用海洋的科学技术和伟大成就。展区设置“海上丝绸之路”“蛟龙号深潜器”“海洋石油勘探”等展品 42 件（套）。

3. 地址与联系方式等信息

地　　址：内蒙古自治区呼和浩特市回民区新华大街 88 号

咨询热线：0471-6964515

开馆时间：周二至周日

内蒙古自治区科学技术馆
官方微信公众号

（二）呼伦贝尔市科技馆

1. 简介

呼伦贝尔市科技馆于 1984 年 6 月建成开馆，是内蒙古自治区成立较早的科技馆之一。2010 年，呼伦贝尔市委、市政府决定建设市科技馆、市规划馆、市艺术馆和人工湖，简称“三馆一湖”，打造呼伦贝尔文化核心区。科技馆项目占地面积 1.53 万平方米，建筑面积 1.2 万平方米，面向公众特别是青少年，开展科普展教、科技培训和科技交流工作，2016 年 4 月对外免费开放。

2. 主要展项或展区

呼伦贝尔市科技馆展厅面积 7950 平方米，设有“序厅”“儿童科学乐园”“科学探秘”“防灾与安全”“生命与健康”“信息与交通”“能源与材料”等展区，有展品、展项 196 件（套）。同时，建设有 4D 影院、多功能报告厅、观众餐厅。为了丰富展教功能，设置了“儿童科技体验室”“青少年科学工作室”“创客空间”等科普教育功能区。

青少年科学工作室设有“机器人体验室”和“航模活动室”。“机器人体验室”有小优机器人、未来天使机器人、舞蹈机器人等类型机器人十余台，并设有虚拟现实（VR）体验设备等科技活动项目。“航模活动室”有航模、飞行器、四驱车、专业赛道等设施。科技馆还举办海洋动物、昆虫世界、老年科技工作者书画摄影等专题展览。

3. 地址与联系方式等信息

地　　址：内蒙古自治区呼伦贝尔市海拉尔区满洲里南路大剧院南侧

咨询热线：0470-8227203

开馆时间：周三至周日

呼伦贝尔市科技馆官方微信公众号

(三)鄂尔多斯市科技馆

1. 简介

内蒙古自治区的鄂尔多斯市科技馆于2004年建立，位于鄂尔多斯市准格尔南路，建筑面积0.59万平方米，展厅面积0.28万平方米，分上下2层10个常设展区和临时展览区，2016年对外免费开放。

2. 主要展项或展区

鄂尔多斯市科技馆以“体验科学，放飞梦想”为主题，设有“声光体验”“电磁探秘”“运动旋律”“数学魅力”“科学生活”“科学表演”“科学实验”等展区，以及科普特效影区、培训实验室、科普报告室。通过科学性、知识性、趣味性相结合的展览内容和参与互动的形式，反映科学原理及技术应用，使公众能在赏心悦目的活动中，接受科技知识的教育和科学精神的熏陶。

(1)“声光体验”展区。主要展品有“光的路径”“窥视无穷”“幻想”“激光竖琴”等，通过展示声音和光的现象与特性，帮助观众认知现象背后的规律。

(2)“电磁探秘”展区。通过“尖端放电”“雅各布天梯”和“神秘的磁场”等互动展品，展示电磁技术的原理和应用，揭示许多与电磁学相关的、看似神秘实则易懂的道理。

(3)“运动旋律”展区。主要展示生活中常见的流体运动和重心运动等物理现象，观众可以通过对互动展品的操作与观察亲身体验生活中简单的物理原理带来的乐趣。

(4)“数学魅力”展区。通过互动展品以直观的方式展示数学中的深奥问题，使观众发现数学的独特魅力，在生活中挖掘数学，使数学服务于生活。

（5）“科学生活”展区。包括“健康生活”“安全生活”“数字生活”3块展示区域，让观众了解人体奥秘，培养益于健康的行为方式，了解日常生活中应注意的安全事项和数字技术在日常生活中的应用。

（6）科普特效影区。通过特效展板、球幕影院及多媒体技术进行科普宣传，以现代化的展示手段，融展示与互动、参观与体验于一体，让观众更直观地感受科技的魅力，体验学习的乐趣。

3. 地址等信息

地　　址：内蒙古自治区鄂尔多斯市东胜区准格尔南路3号

开馆时间：周三至周日

鄂尔多斯市科技馆
官方微信公众号

（四）巴彦淖尔市青少年科技馆

1. 简介

巴彦淖尔市青少年科技馆位于内蒙古自治区巴彦淖尔市临河新区，于2012年11月正式开馆，建筑面积0.5万平方米，2016年对外免费开放。

该科技馆于2012年8月成立了全区首家少儿科普艺术团。艺术团遵循“科技与文化结合，科普与艺术相融”的原则，使少年儿童的科学素质与艺术才能同步提高。艺术团由舞蹈、声乐、合唱团、少儿美术书法和演讲主持等专业团队组合而成，通过专业老师科学、系统地安排学习与训练，登上了国家、自治区和市级的各类舞台。

2. 主要展项或展区

该科技馆展厅面积约3000平方米，设有五厅两院一中心："序厅""儿童科技乐园""科技智慧园""消防科普教育""道路交通安全教育"5个展厅，科普剧院、4D科普影院2个影剧院，以及1个青少年科技创新活动中心。有展品、展项167件（套）。

（1）"儿童科技乐园"展厅。该展厅是专门为12岁以下的儿童量身定做的小型儿童乐园，展示适合儿童身心特点的科技内容，有展品、展项57件（套）。展品、展项注重儿童和家长的互动，让儿童在展览和游戏中体验探究的乐趣，激发好奇心，培养对科学的热爱。

（2）"科技智慧园"展厅。该展厅有展品、展项38件（套），以探究式互动参与为主的展教方式，将知识与趣味相结合，营造轻松、快乐的学习氛围，鼓励青少年亲身体验、积极思考、锻炼能力，激发对科学的好奇和兴趣。

（3）"消防科普教育"展厅。该展厅是巴彦淖尔市科学技术协会与市消防支队合作建成的全市首个消防科普教育基地，有展品、展项18件（套），于2013年8月1日向公众开放。该展厅以消防科普知识为主题，为广大公众特别是青少年提供一个参观学习体验、增长消防知识、掌握消防技能的固定场所，教育引导公众学习消防安全基本常识，增强消防安全意识，掌握自护技能，保障生命安全。

（4）"道路交通安全教育"展厅。该展厅是巴彦淖尔市科学技术协会与市交通警察支队合作共同建成的国家道路交通安全科技行动计划工程，有展品、展项12件（套），于2014年4月向公众开放。该展厅秉承现代科普教育理念，以信息技术设计构建，具有知识性、体验性、互动性和趣味性为一体的特点，是进行道路交通安全教育的专业化基地。

（5）青少年科技创新活动中心。该中心包括机器人工作室、陶艺手工艺工作室、科乐思工作室和航模培训基地4个部分。创新活动中心以“动脑、动手、创新、快乐”为宗旨，创造条件使少年儿童亲自动手做科技、搞创新、享受成功喜悦。

3. 地址与联系方式等信息

巴彦淖尔市青少年科技馆官方微信公众号

地　　址：内蒙古自治区巴彦淖尔市临河新区文博中心B座

咨询热线：0478-8525977

开馆时间：周四至周日

（五）阿拉善盟科技馆

1. 简介

内蒙古自治区的阿拉善盟科技馆位于阿拉善盟阿拉善左旗额鲁特东路，总建筑面积0.84万平方米，使用面积0.64万平方米，总投资约1亿元。馆名由全国人大常委会原副委员长布赫题写，2019年对外免费开放。

2. 主要展项或展区

该科技馆展示主题为“自然·人类·科技”，包含“序厅”“儿童科学乐园”“科学与探索”“身边的科学”4个展厅，共有展品、展项186件（套）。还有4D影院、天文观测台、穹幕影院，以及服务区、休闲区。

（1）“序厅”。“序厅”是科技馆的第一展示空间，设置了“源动力”展项，让观众一进科技馆就感受到科学的氛围；还设置了高清LED屏幕，展示阿拉善盟的自然风貌和人文景观；同时，屏幕作为科技馆的信息发布平台，循环播放欢迎词，实时显示在馆人数和场馆动态。

（2）“儿童科学乐园”展厅。采用多样化的展教方式，选择日常生活中符合儿童身心特点和接受能力的内容，让孩子们在展览和活动中积累经验、锻炼能力，激发对科学的好奇与兴趣，培养对科学的热爱。该展厅设有“自然王国”“戏水乐园”“成长天地”“竞技赛场”等展区。

（3）“科学与探索”展厅。向公众特别是青少年普及基础科学知识，通过各种互动体验，结合展区结构设计，引导青少年感受人类在探索自然过程中的众多科学发现和技术创新的美妙和神奇，体会科学探索与发现带来的乐趣，激发他们的科学兴趣，启迪他们的创新意识。该展厅设有“数学魅力”“运动旋律”“声光体验”“电磁奥秘”“智能机械”“科普实验”等展区。

（4）“身边的科学”展厅。选取与人类和科技发展息息相关的“生命”“生活”“生态”三大话题，探讨生命的起源及演化，生活的健康性、安全性，以及生态的持续性，引导公众关注和利用身边的科技，树立科学的生活理念，追求更加幸福的明天。该展厅设有“生命之歌”“生活之光”“生态之道”等展区。

3. 地址与联系方式等信息

地　　址：内蒙古自治区阿拉善盟阿拉善左旗额鲁特东路

咨询热线：0483-8353198

开馆时间：周三至周日

阿拉善盟科技馆
官方微信公众号

六、辽 宁 省

（一）辽宁省科学技术馆

1. 简介

辽宁省科学技术馆位于辽宁省沈阳市浑南区，于 2011 年 7 月动工建设，2014 年 6 月试运行，场馆占地面积 6.91 万平方米，建筑面积 10.25 万平方米，建筑总高度 31.9 米，2015 年对外免费开放。

辽宁省科学技术馆是一座集科普教育、科技交流、休闲旅游功能于一体的综合性科技馆。馆内共有五大功能区：展览教育功能区、科普特效影院区、科学实验培训区、科技交流功能区和支撑保障功能区。

2. 主要展项或展区

（1）展览教育功能区。展览教育功能区设有“儿童科学乐园”“探索发现”“创造实践”“工业摇篮”等展示区，展厅面积 37526 平方米，展品、展项 760 余件（套），涵盖物理、化学、天文、地理、生命科学、安全避险、航空航天技术、交通、军工、计算机电子技术、信息网络、环境科学、新型材料、辽宁工业产业等学科或领域，互动性展品、展项达到 95% 以上，将科学性、知识性、趣味性有机融合，让观众在动手参与、亲身体验中走近科学，获得科技知识。

“儿童科学乐园”主要为3~8岁儿童设置，展示适合儿童身心特点的科技内容，注重儿童和家长的互动，让儿童在展览和游戏中体验探究的乐趣，激发好奇心，培养对科学的热爱。

“探索发现”厅展示人类所发现的客观世界的现象和规律。在这里，观众能体会到宇宙的浩瀚无垠、自然的绚丽多姿、物质的变化万千，也能感受到科学家在探索自然奥秘过程中锲而不舍地追求真理的伟大精神。

“创造实践”厅展示人类为改造世界、改变生活所进行的发明创造活动，观众将在探索体验过程中了解人类社会方方面面的应用技术。

“工业摇篮”厅展示辽宁省最具代表性的工业科技，并适当延展到中国及世界其他各国在相同领域取得的科技成果和发展趋势。

（2）科普特效影院区。设有IMAX巨幕影院、球幕影院、4D影院、动感飞行影院及一座梦幻剧场，利用特效科技手段演示科普文化知识，寓教于乐，使观众产生身临其境之感，切身感受高科技带来的科学震撼与艺术享受。

（3）科学实验培训区。按照“家、师、匠”的主题，设置包括化学材料、生物、物理、数学、木工机械、工艺、电工、机器人、食品科学等内容的13间科学实验室及1间多媒体教室，涵盖了基础科学、生活科学、前沿科学3类内容。该培训区旨在培养学生的动手操作能力、对科学知识的探索能力和认知能力，成为学校实验教育的延伸和补充。

（4）科技交流功能区。设有科普报告厅、多功能厅、专家会议室等不同规模、不同功能的会议室，可满足国际会议、新闻发布、商务接待等需求。

（5）支撑保障功能区。突出民本思想，馆内服务设施齐全，为公众提供了一个室内外生态环境及人文环境俱佳的科普、休闲场所。

辽宁省科学技术馆常设展厅采取“免费不免票，团体需预约”的管理办法。“儿童科学乐园”、科普特效展厅实行收费制。

3. 地址与联系方式等信息

辽宁省科学技术馆
官方微信公众号

地　　址：辽宁省沈阳市浑南区智慧三街159号

官　　网：http://www.lnkjg.cn

团体预约电话：024-23785189

开馆时间：周三至周日

（二）鞍山科技馆

1. 简介

辽宁省的鞍山科技馆原名鞍山科学会堂，由已故党和国家领导人陈云同志亲笔题写馆名，于1986年建成并正式投入使用，占地面积1万平方米，建筑面积0.54万平方米。经过对原有设施进行重新建设和改造，鞍山科技馆于1999年4月正式开设辽宁省内第一个常设科普展览，2015年对外免费开放。

鞍山科技馆开展常设科普展览、专题展览、培训教育、科技馆活动进校园、学术交流等科普活动，是“全国青少年科技教育基地”“辽宁省科普教育基地”和“辽宁省小公民道德建设实践示范基地”。

2. 主要展项或展区

常设科普展览包括磁电展区、声光展区、力学展区、数学展区、生命科学展区、虚拟现实技术展区，还设有动手园区和科普影视区，有展品、展项130件（套）。

（1）磁电展区。包括“雅各布天梯”“无形的力”“直流马达”“金球”“静电乒乓”“磁感线演示”“柔和的电击”“手摇发电”“磁悬浮地球仪”“电波干扰”“控制电路演示”“辉光球”等展项。

（2）**声光展区**。包括“声驻波”“声音三要素”“排箫”“鱼洗”“隔板清音”“菲涅尔透镜”“幻象”“光学幻影”“同自己握手”“光学元件演示台”“变角多像镜”“无水鱼缸”等展项。

（3）**力学展区**。包括“听话的小球”“混沌钟摆”“锥体向上”“平面肥皂膜”“离心现象”“动量守恒”“旋涡”“热辐射”“万有引力”“气流投篮”“自己拉自己”“傅科摆”等展项。

（4）**数学展区**。包括“沙摆”“猜生肖”“梵天之塔”“双曲线槽”“滚出直线”“椭圆规”“柱面成像”“趣味数学游戏”“哪个是勾股定理”“哥尼斯堡七座桥问题”等展项。

（5）**生命科学展区**。包括“手反应时间”“脚反应时间”“耐力”“腕力”“倾斜小屋”“手眼协调”“平衡感觉”“视觉暂留”“梯形窗”“声音看得见”等展项。

（6）**虚拟现实技术展区**。包括“欢乐坞”“水枪灭火”“虚窗”“水幕电影”等展项。

（7）**动手园区**。包括创意泥、陶艺制作、彩绘、电路设计、磁力棒、“智高”气压水动车、“智高”鼓风机、航模、磁力七巧板、彩色积木等动手项目。

鞍山科技馆围绕社会公众关心的科学热点和社会热点，先后举办了“中国首次南极考察展”“人体奥秘展”“秦始皇陵兵马俑展”“克隆知识展”“辽宁省第八届小发明作品展”“建设节约型社会科普巡展”“探月科普知识图片展”和“生命与科学主题巡展”等。

举办青少年兴趣培训班，组织开展青少年科技夏令营、冬令营，科幻绘画竞赛、小发明创新大赛等各类青少年科普活动，每年举办科技馆活动进校园暨科普大篷车乡村行活动。

3. 地址与联系方式等信息

地　　址：辽宁省鞍山市铁东区园林路60号

官　　网：http://www.asstm.com/

咨询热线：0412-5536508/5549671

开馆时间：周二至周日

本书出版时该馆暂未开通官方微信公众号

（三）营口市科学技术馆

1. 简介

营口市科学技术馆老馆于2007年3月建成，位于辽宁省营口市人民公园南侧，建有3个展厅及青少年动手园区等。新馆建筑面积为0.77万平方米，展区面积为0.24万平方米，位于营口市青花大街，2015年对外免费开放。

2. 主要展项或展区

营口市科学技术馆有7个常设展厅，包括基础科学展厅、电与磁科普展厅、航海知识科普展厅、虚拟互动科学展厅（2个）、家居安全科学展厅、AR/VR虚拟现实体验厅，还有1个短期临时展厅。主要展厅及开展的活动如下。

（1）电与磁科普展厅。有互动展品50件，并配有相关图片及影像资料。

（2）航海知识科普展厅。2012年正式建成并对外开放，通过图文和船模的形式，展示我国古代航海及船舶发展史、营口航海史、营口港的发展变化，以及我国先进的现代军舰、远洋船舶、科考舰船等，激励公众为我国从海洋大国、航海大国、海运大国转变为海洋强国、航海强国、海运强国而努力奋斗。

（3）虚拟体验厅。面积600平方米，以“虚拟互动，快乐科学”为目标，包括三维立体影像区、生命科学区、模拟操控区。主要引进展品有虚拟人体拼装、虚拟驾驶、互动地面、交互式问答机等16种集科学性、知识性、娱乐性、可操作性于一体的科普展品。

（4）动手园区活动。动手园区由科学实验室和机器人工作室组成。以“动手动脑，科学实践”为目标，以操作设备实验与亲身体验为主，可进行声、光、电、磁、力与机械、生物、物质、生命、地球等领域的实验。青少年动手园区建设有小小创客空间工作室、机器人工作室和科学创新实验室3个实验室。

（5）科普大篷车活动。科普大篷车随车装载12套流动展品和主题丰富的科普展板。展品可让公众亲自动手操作，让没有条件走进科技馆的观众在娱乐中学习科学知识，感受科技的神奇，激发对科技的兴趣和探索科技奥秘的欲望。

3. 地址与联系方式等信息

地　　址：辽宁省营口市青花大街西8号

数字科技馆：http://kjg.cdstm.cn

咨询热线：0417-3508223-8225

开馆时间：周三至周日

营口市科学技术馆
官方微信公众号

（四）阜新市科技馆

1. 简介

阜新市科技馆位于辽宁省阜新市海州区，建成于1988年，建筑面积0.42万平方米，是以青少年为主要服务对象，同时面向社会公众开展科学知识普及、科技创新培训、科技成果展示与交流、科学实验与竞赛及科技体验活动的公益性科普教育基地，2015年对外免费开放。

2. 主要展项或展区

阜新市科技馆展厅建筑面积0.32万平方米，有天文、陶艺、机器人、科普书吧等7个主题科普展厅（室）。

主要特色展区是天象厅。天象厅在国家彩票公益金项目和中国科协青少年科技中心资助下建成，于2008年8月正式对外开放。天象厅是以专门开展天文知识科普教育活动为目标的科普教育基地，其中的数字天象仪能演示日出、朝霞、日落、晚霞等很多自然现象及太阳系运行规律。通过对宇宙中无穷奥秘的演示，观众如置身浩瀚苍穹之下，了解大自然的神奇，领悟科技的真谛，体味科技演示带来的天人合一的境界，从而激发对未知世界不断探索的兴趣，激活自主探究、创造发展的思维和学科学、爱科学的热情。

阜新市科技馆正在筹备建设面积400余平方米的天文观测台，对天象厅进行改造维修；同时，改建近200平方米的综合科普展厅。改造完成后，阜新市科技馆的科普展教功能将得到进一步提升，科普服务能力得到进一步加强。

阜新市科技馆
官方微信公众号

3. 地址等信息

地　　址：辽宁省阜新市海州区矿工大街与中华路交会处

开馆时间：周一至周日

（五）辽阳市科技馆

1. 简介

辽阳市科技馆位于辽宁省辽阳市河东新城，是集展览、培训、实验、影视等功能于一体的综合性科普场馆，是国家和辽宁省“青少年科普教育基地”。辽阳市科技馆建筑面积 1.4 万平方米，展区面积 0.74 万平方米，总投资 3268 万元，于 2012 年 9 月正式面向公众开放，2015 年对外免费开放。

辽阳市科技馆本着体验科学、启迪智慧、提高素质、服务社会的理念，为公众提供一个室内外生态环境和人文环境俱佳的科普、休闲场所，实现科技与艺术、自然与环境的有机结合。

2. 主要展项或展区

辽阳市科技馆突出“科技 · 人文 · 自然”主题。常设展厅分为“序厅”“儿童科技乐园”“体验广场”“科学与生活”“辽阳风采 · 辽阳石化”“人防教育”6 个主题展厅，有展品 200 余件（套）。该馆还设有 4D 影院、穹幕影院、青少年科学实验中心、机器人工作室、多功能厅、学术报告厅等科普教育和服务设施。

展品、展项集科学性、知识性、趣味性于一体，展示科学原理、普及科学知识。公众通过参与互动，感受科技的美妙与神奇，激发学习兴趣，树立科学观念。展览引导公众感悟科学，启迪智慧，培养创新意识和创新精神。

3. 地址等信息

地　　址：辽宁省辽阳市河东新城天福路45号

开馆时间：周三至周日

本书出版时该馆暂未开通官方微信公众号

（六）铁岭市科学馆

1. 简介

铁岭市科学馆坐落在辽宁省铁岭市银州区风光旖旎的龙首山下，始建于1987年，整修和改造后的场馆建筑面积0.49万平方米，2015年5月对外免费开放。

近年来，该馆充分发挥中国载人航天工程总设计师王永志家乡的人文优势和科普优势，逐步扩建了15个航天科普专用参观活动场所，并于2009年全面改建、扩建成以航天航空科普教育为主的专业科普场馆——铁岭航天馆，成为辽宁省首家航天科普主题展馆。被认定为全国科普教育基地。

2. 主要展项或展区

铁岭市科学馆科普展教活动区总面积3690平方米，有15个展厅，包括“神舟六号”返回舱模型展厅、航天科普放映厅、宇宙奥秘展厅、航天百年展厅、铁岭骄傲展厅、航天模型制作展示厅、航空模拟飞行操作厅、“神舟”飞船模拟操作厅、航天模拟发射厅、航空模型展厅、天文台、天象厅、太阳历广场、科普互动展厅和3D科普影院。

科学馆各展厅有展品287件（套）。其中，可供观众演示、体验、互动的展品有104件（套），占展品总量的36%。科学馆定期对科普展品进行补充和更新升级，2016年，结合中小学生知识结构特点和科学馆工作实际，新购置展示物理、数学基本原理的变角多像镜、平衡测试，反映不同星球重量的行星秤，以及希罗喷泉、雅各布天梯等互动展品19件（套），更新三维立体画20余幅。

铁岭市科学馆还结合青少年科技教育工作，承办了青少年科技创新大赛、科技夏令营等活动，举办了机器人展览等大型专场展览，开展流动科技馆进基层活动，将部分展品送进校园、广场、社区和农村展览，进一步拓展了科普展教工作覆盖面。

3. 地址与联系方式等信息

地　　址：辽宁省铁岭市银州区市府路30号

咨询热线：024-72817438

开馆时间：周三至周日

本书出版时该馆暂未开通官方微信公众号

（七）朝阳市科学技术馆

1. 简介

朝阳市科学技术馆坐落在辽宁省朝阳市凤凰山脚下，大凌河畔，建筑面积0.7万平方米，其中展厅面积0.4万平方米。该馆2007年扩建，2010年10月新馆正式开馆，2015年对外免费开放。

朝阳市科学技术馆是集科技展览、科普宣传、科技娱乐、课外活动、学术交流、创新启蒙、思维培养、实验教育、爱国教育及思想道德教育为一体的综合型科技活动场所。朝阳市科学技术馆是朝阳市科普教育基地、爱国主义教育基地，辽宁省科普教育基地，全国科普教育基地。

2. 主要展项或展区

该馆常设展厅分为 3 层。1 层展厅为朝阳特色科普展和临时展览，2 层展厅的主题是声与光，3 层展厅分为消防科普展区、科技活动区和科技创新作品展区 3 部分；有展品、展项 271 件（套）。此外，该馆还有一个 22 座位的 4D 科普影院。

展区设计针对青少年的特点，集知识性、娱乐性和参与性于一体，开发青少年的智力，锻炼青少年动手、动脑的实践能力。主要设置 TTS 创造室、益智开发区、科普书吧、趣味数学、机械长廊等互动区域。

3. 地址与联系方式等信息

地　　址：辽宁省朝阳市双塔区新华路一段 88 号文化大厦东侧

数字科技馆：http://kjg.cdstm.cn

咨询热线：0421-2860710

开馆时间：周三至周日

本书出版时该馆暂未开通官方微信公众号

（八）葫芦岛市科学技术馆

1. 简介

葫芦岛市科学技术馆位于辽宁省葫芦岛市龙湾新区海星路，成立于 1999

年，建筑面积0.68万平方米，展厅面积0.44万平方米，于2002年对外开放，2003年成为全国100个科普教育基地之一，2015年对外免费开放。

2. 主要展项或展区

该馆面向未成年人开展多种形式的科普教育活动，包括建设数字科技馆、科普校园行、青少年科学表演大赛、青少年科技创新大赛、机器人竞赛、科普报告、七巧科技系列活动、青少年高校科学营、原创微型科普剧、青少年科学调查体验实践、青少年科技影像节等活动，为未成年人搭建多种科技活动平台，营造“爱科学、学科学、用科学”的氛围。

葫芦岛市科学技术馆由科普展厅、天文馆、辽西古生物化石博物馆、科普植物园、科普广场5部分组成。

向公众免费开放内容包括一楼常设科普展、科学实验课（科学表演秀）、移动天象厅等。科学实验课于每周六、周日的10时和14时面向未成年人开课；移动天象厅于重大节假日每天面向未成年人开放6个场次。

3. 地址与联系方式等信息

地　　址：辽宁省葫芦岛市龙湾新区海星路3号

数字科技馆：http://kjg.cdstm.cn

咨询热线：0429-2662233

开馆时间：周三至周日

葫芦岛市科学技术馆
官方微信公众号

七、吉 林 省

（一）吉林省科技馆

1. 简介

吉林省科技馆新馆坐落在吉林省长春市净月高新技术产业开发区，建筑面积 3.2 万平方米，是以展示教育为主要功能的公益性科普教育机构，是吉林省“十一五”重点建设项目，是省科技文化中心的组成部分，是一座多功能、综合性的现代化科技馆，2016 年对外免费开放。

吉林省科技馆主要通过常设展览和短期展览，以参与性、体验性、互动性的展品及辅助性展示为手段，以激发科学兴趣、启迪科学观念为目的，对公众特别是青少年进行科普教育，同时开展科技传播和科学文化交流活动。

吉林省科技馆设有数字科技馆，依托互联网技术，全面覆盖互联网终端用户，打造智能的实体场馆配套服务设施，为公众尤其是远程观众提供优质的在线科普服务，引领公众进入可参与交互式的新时代，推动吉林省科普事业的科学化、现代化和智能化发展。

2. 主要展项或展区

吉林省科技馆以“科技与梦想”为主题，设“梦想的摇篮”“智慧的阶梯”“创造的辉煌”“我们的未来不是梦”4个主题展区，有展品、展项约460件（套）。馆内还附设动手实践区、4D影院、球幕影院、多功能厅、会议室、实验室等。常设展厅面积1万平方米。各楼层展区设置如下。

1层是“梦想的摇篮”展区。从培育科技梦想开始诠释主题，针对小学低年级和学龄前儿童，从认知自然、体验奇幻、感受生活、安全避险、科学梦想等方面，设置各种寓教于乐的科普展项，满足儿童对科学的好奇心、兴趣和探索欲望，激发儿童对科学的梦想。

2层是“智慧的阶梯”展区。通过美妙之音、数学天地、力学世界、电磁王国、生命与健康、中国古代科技等方面的展示，让观众在了解体验各学科重要思想、方法和原理的同时，感受到经典科学理论的阶梯性作用，从科技与梦想的互动过程中深化主题。

3层是“创造的辉煌”展区。通过对信息、交通、农业、材料等方面现代先进技术的展示，让观众感受科技在实现人类梦想中的巨大作用，树立依靠科技实现梦想的科学思想，从科技实现梦想的实践层面诠释主题。

4层是“我们的未来不是梦”展区。通过对生态与环境、地球与能源、太空探秘等方面有关可持续发展的科学内容展示，倡导人与自然和谐相处，依据科技进步创造美好未来，将“科技与梦想”演绎到永远。

5层设置“实践梦想”展区。为青少年设置了科学DIY工作室、拼装赛车工作室、泥塑陶艺工作室、小鲁班沙画工作室、动漫制作室，还建有体现新一代信息技术的物联网技术工作室等一系列以动手实践为特征的科技培训工作室，让青少年在实践梦想的同时展望未来科技的美好。

3. 地址与联系方式等信息

地　　址：吉林省长春市净月高新技术产业开发区永顺路1666号

官　　网：http://www.jlstm.cn

咨询热线：0431-81959689

开馆时间：周三至周日

吉林省科技馆
官方微信公众号

（二）延边朝鲜族自治州科技馆

1. 简介

延边朝鲜族自治州科技馆位于吉林省延边朝鲜族自治州首府延吉市城市展览中心，建筑面积0.36万平方米，展厅面积0.26万平方米，总投资4000多万元。2015年9月开馆，2016年对外免费开放。

2. 主要展项或展区

该馆以“体验科学、探索科学、启迪创新、促进和谐”为理念，围绕“关注人的需求、关注社会进步、关注未来发展”进行设计布展。

主要展区有序厅、儿童乐园、声光电展区、机械力学展区、数学展区、生命展区、宇宙展区、4D影院等，有展品、展项百余件。

3. 地址与联系方式等信息

地　　址：吉林省延边朝鲜族自治州延吉市城市展览中心3层

咨询热线：0433-2561410/2561422

开馆时间：周二至周日

延边朝鲜族自治州科技馆官方微信公众号

八、黑龙江省

（一）黑龙江省科学技术馆

1. 简介

黑龙江省科学技术馆位于哈尔滨市松北区，占地面积 5 万平方米，建筑面积 2.5 万平方米，2003 年 8 月开馆。黑龙江省科学技术馆是黑龙江省最大的科普教育基地，是具有展览教育、科技培训、科技交流、旅游休闲等功能的现代化综合性科普展馆，2015 年对外免费开放。

该馆以寓教于乐的方法普及科学知识，以参与互动的方式启迪智慧，使公众在游览娱乐中，接受现代科技知识的教育和科学精神的熏陶。该馆是国家 AAAA 级旅游景区，先后荣获了“全国科普日活动先进单位”“全国消防科普教育基地”和黑龙江省“科普教育基地”“少年儿童体验教育基地”“未成年人思想道德建设科技教育基地”“青少年科技创新方法实践基地”等称号。

2. 主要展项或展区

黑龙江省科学技术馆展厅面积 1.2 万平方米，有 12 个常设展区，400 余件（套）展品，涵盖了数学、力学、声学、光学、机械、能源、生命健康、信息技术等十几个学科领域的知识。展厅布局如下。

1层设置了“机械”“能源材料”“航空航天与交通”“力学”“数学”5个展区。通过演示操作智能机器人、机械传动、骑车走钢丝、四线摆和混沌水车等展品，观众可以在游玩中轻松地学习到科技知识。

2层设置了“声光和电磁学”“人与健康”2个展区。“声光和电磁学”展区反映声光与电磁学基本原理；“人与健康”展区反映人体科学知识、健康知识，并设置健康测试。人们可以在舒畅的参观中感受科技带来的奇妙体验。

3层设置了“儿童展区”“走进兴安岭”2个展区。这里是孩子们的王国和乐园，有开发智力和动手能力的动脑园区和动手园区，有激发孩子们想象力和创造力的“轨道小球”“小小建筑师”“水上乐园”等展项，还有极具地方特色的大兴安岭珍贵动植物标本展示。这些寓教于乐的展品让孩子们在嬉戏玩耍中体验科技的神奇魔力。

室外展区设有钟盘式日晷、浑天式日晷、双环式日晷、“长征二号F”运载火箭模型和动脑风车等科技展品。

该馆还设有青少年科学工作室，由生物科学工作室、科学与创意工作室、机器人工作室3部分组成。工作室集生动性、知识性、艺术性、趣味性于一体，将教育与自然、生态、科普、互动体验有机结合，既有生态自然景观式布展，又有科普知识及展品等专题设计，带领青少年走进探究、体验科学奥秘的课堂。

3. 地址与联系方式等信息

地　　址：黑龙江省哈尔滨市松北区太阳大道1458号

官　　网：http://www.hljstm.org.cn

咨询热线：0451-88190966

开馆时间：周二至周日

黑龙江省科学技术馆
官方微信公众号

（二）哈尔滨科学宫

1. 简介

哈尔滨科学宫位于黑龙江省哈尔滨市道里区，毗邻著名的中央大街，建筑主体是一座俄式建筑，前身是犹太人的侨民商务会馆。侨民商务会馆建于1902年，已有100多年的历史，是国家二类保护建筑物，1963年改建为哈尔滨科学宫。2006年8月，科学宫经过整体维修改造后，向市民开放。哈尔滨科学宫总面积0.47万平方米，2015年对外免费开放。

2. 主要展项或展区

哈尔滨科学宫设有科普展厅、4D影院、科学工作室、多媒体培训教室和多功能学术会议室。

科学宫展厅面积1662平方米，展品、展项100余件（套），包括淘气堡、跳蛙、攀岩、多米诺骨牌、建筑工地、电脑多媒体工作室、电脑机器人工作室、森林网吧、太空椅、滑翔机、龙卷风、汽车模拟驾驶等，展品、展项集科学性、知识性、趣味性和互动参与性于一体，公众特别是儿童可以自己动手操作，亲身体验科学的奥妙。

科学宫设有“自然科学工作室”“机器人创客空间工作室”“物联网工作室”“动手工作室”“地理工作室”“思维训练工作室”6个工作室。在这里，少年儿童专用的小机床、小钻床、小锯床等设施一应俱全，孩子们可以亲手操作小机床进行加工制作活动，锻炼创新和动手能力。“神舟五号”遨游太空后返回地面的太空返回舱的模型也作为展品落户在哈尔滨科学宫内。

哈尔滨科学宫以“科技馆进校园活动”为主线，从培养青少年的创新意识和实践能力入手，采取大篷车进校园、科普展览、科技培训、科技竞赛、主题科普实践活动、科普夏（冬）令营、趣味科学小实验等形式，组织青少年开展丰富多彩的科普活动，已成为哈尔滨市重要的青少年活动场所。

3. 地址与联系方式等信息

地　　址：黑龙江省哈尔滨市道里区上游街 23 号
官　　网：http://www.hrbkexuegong.cn
咨询热线：0451-84615996
开馆时间：周二至周日

哈尔滨科学宫
官方微信公众号

（三）齐齐哈尔市科技馆

1. 简介

齐齐哈尔市科技馆位于黑龙江省齐齐哈尔市科技大楼内，建筑面积 2850 平方米，展厅面积 1154 平方米，2017 年对外免费开放。

2. 主要展项或展区

科技馆有展品约 130 件，公众可以了解力、热、风、电能是如何转换的，温室效应是如何产生的；可以了解太阳系的组成、地球的构造、潮汐的变化以及地热的作用；可以体验在不同条件下驾驶汽车的感觉；可以了解力学、光学、声音传播和机械传动等各学科原理和知识。

3. 地址与联系方式等信息

地　　址：黑龙江省齐齐哈尔市龙沙区源地街 55 号

咨询热线：0452-6161799

开馆时间：周二至周六

齐齐哈尔市科技馆
官方微信公众号

（四）大庆市科学技术馆

1. 简介

大庆市科学技术馆位于黑龙江省大庆市萨尔图区中宝路。2005 年 6 月开工筹建，2008 年元旦正式开馆，2011 年 7 月面向公众开放。场馆建筑面积 1 万余平方米，总投资 1.2 亿元。大庆市科学技术馆 2009 年被中国科协授予国家级“科普教育基地”称号，是国家 AAA 级旅游景区，2016 年对外免费开放。

2. 主要展项或展区

大庆市科学技术馆包括科普展馆、特效影院等区域，有 200 余件（套）展品。

科普展馆由“国防与科技”“地震体验”“儿童乐园”“家园大庆”“磁电与机械”“知识探秘”“信息天地”“生命与环境”8 大展区组成，展馆面积 7500 平方米。有声、光、电、机械等多学科多门类的展品、展项约 200 件（套）。公众可在参与、互动、体验过程中学习科普知识，掌握科技原理，培养科学兴趣。

特效影院包括4D动感电影、IMAX球幕电影、数字天象演示3部分，建筑面积为1500平方米。

该馆还通过开展科普剧表演、科普实验、科普知识竞赛、团队协作竞赛、展品智力竞赛等活动，让孩子们在参观之后能有所收获。为了保证场馆接待的服务质量，该馆开展多种形式的讲解服务，针对不同年龄段的青少年和成人，采取不同讲解方式，带领孩子们快乐地学习和游玩。

为了让更多的青少年共享科普教育资源，该馆通过请进来和送出去的方式，实现场馆资源利用最大化。从2008年开始，该馆利用学校第二课堂活动时间，组织各校学生集体到场馆免费参观。该馆还开展“送科技进校园、进社区、下农村”活动和“流动3D立体科普影院进校园”活动等。

3. 地址与联系方式等信息

地　　址：黑龙江省大庆市萨尔图区中宝路66号

官　　网：http://kjg.dqedu.net

咨询热线：0459-6676622

开馆时间：周三至周日

大庆市科学技术馆
官方微信公众号

大庆市科学技术馆
微信小程序

（五）绥化市科技馆

1. 简介

绥化市科技馆坐落在黑龙江省绥化市北林区，是绥化市科技文化馆的一部分。绥化市科技文化馆包括科技馆、博物馆、群众艺术馆、图书阅览厅、多功能厅和青少年活动厅 6 个部分，是一所集历史性、文化性、科技性于一体的综合性场馆。绥化市科技馆 2015 年对外免费开放。

2. 主要展项或展区

科技馆展厅面积 1230 平方米，有展品、展项 83 件（套）。展品涉及能源动力、生命科学、虚拟现实、机械科技等 9 方面，大多数展品均可动手操作。公众可以亲自体验“无弦琴”“错觉转盘”“锥体上滚”“跳高测试”“三维滚环”“地心引力”“模拟驾驶”等互动展品。

此外，科技馆还有球幕影院为公众播放科普电影。

3. 地址与联系方式等信息

绥化市科技馆官方微信公众号

地　　址：黑龙江省绥化市北林区新兴西街 20 号

咨询热线：0455-8794666

开馆时间：周二至周日

（六）伊春市科技馆

1. 简介

伊春市科技馆始建于 1982 年，占地面积 0.19 万平方米，建筑面积约 0.25 万平方米，位于黑龙江省伊春市新兴西路。伊春市科技馆是开展科普讲座、科普论坛、科普巡展等活动的主要场所，2015 年重新装修并对外免费开放。

2. 主要展项或展区

伊春市科技馆结合中小型科技馆的实际，探索展品精品化、小型化和充分利用展区空间的发展道路。科技馆展厅面积 1326 平方米，设有数学厅、化学厅、物理厅、多媒体互动体验厅、数字技术厅、机器人厅等展区和科普演示厅、科普报告厅、综合厅、植物标本室、图书室等功能区，展品 62 件（套）。展品、展项集科学性、知识性、趣味性、互动性于一体。主要常设展厅介绍如下。

（1）数学厅。通过展项和模型再现数学知识。公众可以通过操作，在娱乐的过程中体会知识的魅力，培养学习积极性和科学思考的习惯。

（2）化学厅。通过多媒体方式向公众传播化学相关知识，将理论知识与实际应用相结合，通过实际操作将复杂的原理简单化，激发公众对化学的热情和兴趣。

（3）多媒体互动体验厅。有可以与场景进行互动的各项展品，将真实世界和虚拟世界的信息集成，在三维尺度空间中增添定位虚拟物体，实现用手指在投影屏幕上的触摸效果。

（4）数字技术厅。将各种科技感强的多媒体互动展项、主题与高科技声光电展示手段相结合，给公众留下的展示印象更深刻。

（5）植物标本室。有植物标本 57 科 218 种。这些植物标本均采自伊春市的大森林中，是小兴安岭本土植物的代表，它们中的大部分都具有药用功能，有的还是人们餐桌上的美味。

3. 地址与联系方式等信息

地　　址：黑龙江省伊春市新兴西路 230 号

咨询热线：0458-6116712/3023929

开馆时间：周二至周日

伊春市科技馆
官方微信公众号

九、上 海 市

松江区科技馆

1. 简介

松江区科技馆位于上海市松江区中山东路，成立于 1988 年，时任上海市委书记、市长江泽民和全国人大常委会副委员长周谷城分别为松江科技馆题写馆名。2008 年松江区财政投资 1000 万元对科技馆进行了功能提升，科技馆于 2009 年 5 月正式开馆。功能提升后的松江区科技馆大幅度增加了对松江本土制造业和松江科技创新方面的科普宣传力度，通过科普展品、展板和多媒体等方式展示松江科技成果。科技馆建筑面积 0.36 万平方米，2015 年对外免费开放。

2. 主要展项或展区

松江区科技馆展厅面积 1909 平方米，按照功能分为基础馆、松江创造馆、城市科技馆、临时展区和科普放映厅等；体现了以人为本、自然科学与社会科学相融合的布展理念；采用现代信息、电脑虚拟成像、微缩模型等先进科技展示方法布置展品。

基础馆的展品在选择上注重互动性、参与性、趣味性，使公众在动手操作展品的同时，产生对科学的兴趣。松江创造馆是为松江本土的高新技术企业和“小巨人”企业提供工业展品的展区，展示松江高新技术企业的科研成果，反映松江高新企业发展水平。城市科技馆关注我们居住生活的城市，介绍与我们生活息息相关的技术。

松江区科技馆组织形式多样的科普宣传教育和科普实践活动，如“我身边的科学”征文及摄影比赛、科普实验室、机器人总动员等品牌活动。

3. 地址与联系方式等信息

地　　址：上海市松江区中山东路 237 号

咨询热线：021−57833339

开馆时间：周二至周日

松江区科技馆
官方微信公众号

十、江 苏 省

（一）南京科技馆

1. 简介

南京科技馆是南京市政府投资兴建的重大公益性社会文化项目，是江苏省规模最大的现代化、多功能的科普活动场馆，前身是南京市青少年科技活动中心。南京科技馆从 2002 年启动建设，于 2005 年 10 月正式对公众开放。南京科技馆总占地面积 30 万平方米，主建筑面积约 3 万平方米，水面积 5 万平方米，2015 年对外免费开放。

南京科技馆作为南京市科普活动的重要基地，承担着面向社会、公众，特别是未成年人开展科普教育的工作使命。南京科技馆是国家 AAAA 级旅游景区，先后获得“全国科普教育基地”“全国青少年素质教育基地”“江苏省科普教育基地”“江苏省青少年自护基地”“长三角世博主题体验之旅示范点”等荣誉称号。

南京科技馆周边环境优美、交通便利，内部地势高低起伏，园林景观错落有致，场馆设计别具一格，外观新颖奇特，远看似巨型椭圆飞碟，近看像潜水艇。其外形设计出自加拿大著名设计师之手，设计灵感来自科幻小说《海底两万里》中的“鹦鹉螺号”。场馆外有一圈周长约 400 米的镜湖，寓意着南京科技馆将载着青少年们在科技的海洋中探索遨游。置身南京科技馆，给人一种科技、人文与大自然相互交融的直观感受，科技与人文相融合，自然与艺术相呼应。

2. 主要展项或展区

南京科技馆包含主体馆、科技影院及园区 3 部分。

主体馆由常设展厅、非常设展厅和会议中心组成。常设展厅面积 2.3 万平方米，有展品、展项 330 余件（套），分 4 层布展。地下 1 层是公共安全教育馆，1 层是基础科学和少儿科普体验区 2 个展厅，2 层是地球万象、智慧主人 2 个展厅，3 层是动漫体验馆。

展区里超过 70% 的展项是参与性项目，游客通过参与可以亲身感悟到科学的魅力，从而达到寓教于乐的效果。

科技影院分为 IMAX 球幕影院、4D 动漫影院、3D 数字影院和 5D 动感影院。

IMAX 球幕影院是一座半球形的建筑。IMAX 电影在国外被誉为“电影的终极体验”。影院直径 21 米，倾斜度 30 度，可容纳观众 235 位。电影画面清晰稳定，荧幕覆盖率为 85% 以上，使观众四周皆为画面所包围，恍如投身其中；当观众目不暇接之际，影院内 6+1 声道音响系统通过十几组扬声器，同时播出配乐和特殊音响，给观众带来无限的听觉享受。

南京科技馆拥有一个美丽的现代科技园区。科技馆园区内有动漫科技游乐园、湿地公园、后山、礼仪广场等户外景点。主体馆序厅门前的广阔空间是礼仪广场，园区被主干道分成东西两侧。位于科技馆东侧的后山，依山势打造了“花雨茶园”“南山竹径”“杜仲走廊”“晚樱抱叶”“紫薇含羞”“海棠垂梦”等景点，保留了园区内原有的“百年女贞”。该树木已有上百年树龄，经专家鉴定已收录进南京市古树名木目录中。科技馆西侧的湿地公园内打造了“彩桥世界”“二月兰海”“垂钓中心”等景点。园区内所有景点内的动植物全在相应位置设置了说明牌，牌上有该物种的科学知识介绍，方便游客在休闲中了解大自然。南京科技馆为广大公众认识科学、了解科学提供了广阔的天地。

3. 地址与联系方式等信息

地　　址：江苏省南京市雨花台区紫荆花路9号

官　　网：http://www.njstm.org.cn

咨询热线：025-58076111

开馆时间：周三至周日

南京科技馆官方微信公众号

（二）南通科技馆

1. 简介

南通科技馆位于江苏省南通市青年西路，是江苏省内第一家地市级科技馆，建筑面积0.6万平方米，2001年建成并对外开放，2015年对外免费开放。

南通科技馆是南通市十多所学校的科普教育基地，先后被国家、江苏省、南通市有关部门认定为“全国素质教育示范基地”“全国科普教育基地”“全国机器人教育培训中心”“江苏省科普教育基地”“江苏省环保教育基地”“江苏省青少年校外活动示范基地”“南通市爱国主义教育基地”“南通市素质教育基地”等。

2. 主要展项或展区

南通科技馆展区面积4000平方米，设有儿童世界、基础科学、“互联网+”、创客空间、机器人餐厅、微机床加工、数学迷宫、环保展厅、养老护理、生命与健康、机器人工作室等展区。放置了集科学性、趣味性、可操作性于一体的近百件展品、展项，通过声、光、电、信息技术及其他高新技术手段的综合应用，吸引观众参与探索。

南通科技馆每逢节假日，结合热点事件，举办各种短期主题展览；每逢寒暑假，举办以体验科技为主题的科技冬（夏）令营。“梦想与创造”临时展览就是其中之一。“梦想与创造”临时展览设置互动项目和图文展板，通过最新的多媒体科技互动与艺术相结合的表现形式，传播梦想，创造知识，激发参观者放飞梦想、勇于突破、提高创新思维意识和创造能力，增强参观者探究科学的兴趣。

南通科技馆始终坚持公益办馆，利用常设展览和各种短期专题展览，通过举办科普讲座、组织科技竞赛、开展科技活动，弘扬科学精神、普及科学知识、传播科学思想和科学方法、倡导精神文明，是公众尤其是青少年学生学习知识、更新知识、体验科学、感受科学、开展科技活动的场所，是南通市科普宣传的重要窗口、精神文明建设的重要阵地。

3. 地址与联系方式等信息

地　　址：江苏省南通市青年西路10号

咨询热线：0513-83519979

开馆时间：周三至周日

南通科技馆官方
微信公众号

（三）盐城市科技馆

1. 简介

盐城市科技馆坐落于江苏省盐城市行政中心东南侧，南临新都路，东傍人民南路，西侧为盐城市新闻中心，总占地面积 5.07 万平方米，建筑面积 2 万多平方米，2015 年对外免费开放。

2. 主要展项或展区

盐城市科技馆分为常设展区、临时展区、培训区、青少年活动中心和影视区 5 个功能区域。

（1）常设展区。设于主楼的 2 层、3 层，建筑面积 8210 平方米。其中，2 层建筑面积为 4240 平方米，3 层建筑面积为 3970 平方米。该展区是科技馆基本功能区，也是展品集中展示区，有展品、展项 300 余件（套），通过新颖的展示方式、互动的展教形式，让公众在体验中感受科学精神、接受科学思想。

该展区概括了盐城地方区域特色和经济特点，设置了“科学与发现”“技术与创新”“科技与社会”3 个主题展区和“儿童科技乐园”“湿地与海洋”2 个特色专题展区。

“科学与发现”展区反映了以经典物理学为主的基础科学的内容，向公众揭示客观世界的基本规律，回顾人类认识客观世界的历程。本展区主要展项有“全息音响”“声聚焦”“光学转盘”“静电转轮”“越转越快”等。

“技术与创新”展区集中反映了信息时代以计算机技术为核心的高新技术，包括多媒体技术、机电一体化技术、通信技术、虚拟现实技术等，让公众在一个高新技术的世界里流连忘返，体会高新技术的发展如何改变我们的认知世界，给观众以强烈的视觉冲击和切身的深刻体验。本展区主要展项有“虚拟射击”“数字实验室”“传感器家族”“与主持人对话”“机器小狗”“悬浮磁球”等。

“科技与社会”展区主要介绍科学技术对社会和谐发展的促进作用。本展区主要展项有“台风体验”“科学餐厅”“垃圾分类”“人体体能综合测试”“错觉墙”等。

“儿童科技乐园”通过寓教于乐的展品（展项），让孩子在游戏中感知世界、体验科学。本展区主要展项有“虚拟捕鱼”“科学迷宫”“水世界”“手工坊”“烟雾逃生走廊”“模拟驾驶”等。

“湿地与海洋”展区通过场景营造、多媒体展示、标本陈列等形式，展示盐城特有的沿海滩涂、湖泊和河流 3 种湿地兼备的自然风光和奥秘，突出“仙鹤神鹿世界，东方湿地之都”的独特风貌，增强人们对美好环境的向往。

（2）临时展区。设于主楼 1 层，建筑面积 4080 平方米。该展区主要为科技恳谈会、经贸洽谈会、科普展示教育、科技产品展览展销等主题会展提供服务。

（3）培训区。设于主楼 4 层，建筑面积 4820 平方米，该区设有可容纳 400 人的多功能会议厅 1 个、可容纳 200 人的学术报告厅 1 个、可容纳 30 人的专家会议厅 2 个及备用展厅等。

（4）青少年活动中心。主要为青少年健身、娱乐、培养个人兴趣提供场所，主要包括青春剧场、多功能教室、图书馆和餐厅等。

（5）影视区。包括设于1层的4D特效影院和设于球体建筑内的穹幕影院。

3. 地址与联系方式等信息

地　　址：江苏省盐城市盐都区人民南路 7 号

官　　网：http://www.yckjg.cn

咨询热线：0515-89901313

开馆时间：周三至周日

盐城市科技馆
官方微信公众号

（四）泰州科技馆

1. 简介

泰州科技馆位于江苏省泰州市天德湖公园中心湖东北角，原为江苏省第六届园艺博览会主展馆，建成于 2009 年，2012 年改建为科技馆。科技馆建筑南北长近 200 米，东西宽 61.3 米，为地上 4 层钢结构，总建筑面积 1.8 万平方米。2016 年泰州市投资 4500 万元对科技馆（江苏省抗震防灾科教馆）进行布展。2018 年泰州科技馆对外免费开放。

2. 主要展项或展区

泰州科技馆展厅面积 9300 平方米，展品、展项 200 余件（套），分 4 层布展。

1 层为儿童科学乐园，设置有“欢乐亲子园”“奇趣自然”“戏水天地”“快乐城市”“地震体验”“自救互救”6 个展区。

2 层为科技馆主展区，设置有“序厅”“数学天地”“力与运动”“声光奥秘”“电磁探秘”等展区以及临时展厅。

3 层设置有球幕影院、动感影院、4D 影院、“科学秀”舞台及“生命与健康”“抗震技术”等展区。

4 层为报告厅和青少年创客空间，设置了机器人、航模、3D 打印、迷你加工、比特实验室、手工坊 6 个工作室。

3. 地址与联系方式等信息

地　　址：江苏省泰州市天德湖公园中心湖东北角

官　　网：http://www.tzkjg.com

泰州科技馆
官方微信公众号

咨询热线：0523-86885682

开馆时间：周三至周日

（五）扬州科技馆

1. 简介

扬州科技馆坐落于文化底蕴深厚、风景秀美的江苏省扬州市广陵区，城庆广场南侧，高家河北侧。该馆于 2013 年 9 月开工，2015 年扬州建城 2500 年之际正式对外开放，2016 年对外免费开放。

扬州科技馆主体建筑面积 3.1 万平方米，由 4 座塔楼构成，设计融合了强烈的地域特色。内部设计取义“竹石意境”，取材古朴却现代感强烈；顶部设计的灵感来源于平山堂的鉴真纪念堂，取义“城庆华盖”；外观的设计灵感来源于扬州的假山峭石，取义“叠石巧匠”。扬州科技馆总体由 4 部分组成，既彼此相连又相对独立。

2. 主要展项或展区

扬州科技馆常设展厅面积 1.28 万平方米。建有地下 1 层和地上 5 层，分别为激光巨幕影院、临时展厅；科学启蒙展厅、生命与健康展厅、地球家园展厅；机器人展厅、交通信息展厅、工艺技术展厅；智慧天地展厅；天文宇航展厅、能源材料展厅；安全教育展厅、创客天地。

扬州科技馆以“传承与创新”为主题，服务于以青少年为主的各年龄段公众，采用文字、图表、照片、实物、模型、展教设备等形式，利用声、光、电、多媒体等现代科技手段，系统展示人类对交通、机械、能源、光学、宇宙、健康等方面的探索历程和未来前景，向观众揭示科技发展的内在规律，展品、展项集科普性、互动性、体验性为一体。同时，展品、展项融入扬州科技、扬州文化等地方元素，展示扬州古代科技，以及现代科技的传承与创新，展示扬州的文明发展史。

扬州科技馆在开展展览教育的同时，还组织各类科普实践和培训活动，让观众通过亲身参与感悟科学的神奇与奥妙，提升科学素养。

3. 地址与联系方式等信息

地　　址：江苏省扬州市广陵区文昌东路9号市民广场3号楼

官　　网：http://www.yzstm.cn

咨询热线：0514-82088303

开馆时间：周三至周日

扬州科技馆
官方微信公众号

十一、浙 江 省

（一）浙江省科技馆

1. 简介

浙江省科技馆新馆位于杭州市中心的西湖文化广场 A 区，建筑面积约 3 万平方米，于 2009 年 7 月开馆，2015 年对外免费开放。

作为目前浙江省内最大的综合性科技场馆，浙江省科技馆通过多种途径和方式，优化拓展展教资源，增强科普工作能力。“菠萝科学奖”“科学 +”“科技馆科学院”等活动已成为国内知名的科学传播品牌活动。科技馆不定期引进国内外最新的科技展览，组织各种形式的科普宣传教育活动，成为广大公众和青少年了解科技发展动态的平台、普及科学知识的殿堂、接受素质教育的乐园。

2. 主要展项或展区

浙江省科技馆建筑共 6 层，1~3 层为常设展厅，4 层设有浙江院士厅和各类报告厅等，5~6 层设有机器人工作室和培训实验室等。

1~3 层的常设展厅，面积为 16042 平方米，共设有 10 个常设展区，100

多个展项，300多件展品，既有数、理、化、天、地、生等基础科学知识，又涉及生命科学、环境科学、材料科学、航天技术、能源技术、信息技术等十几个应用学科领域知识。其中的中医、化学展项在国内科技馆属于首创展项。

1层以“人与自然”为主线，以宇宙、地球、海洋为主题，展示影响人类社会发展的科学技术。

2层以“人与科技”为主线，以材料技术、信息技术、生物技术、能源技术、机器人技术等科学技术为切入口，展示当今科技成就、动向和未来。

3层以“科学乐园”为主要内容，设置基础科学展区和少儿科技园，寓教于乐，为孩子们开启通向科学之门，走向科学之路。

4层设有浙江院士厅、科普报告厅、学术交流厅、科普演播厅等公共科普教育设施。院士展区以“展开的书卷”为设计元素，分为“科学的殿堂”“浙江的骄傲”“永远的丰碑”“院士的风采”“身边的院士”5个部分。在这里，公众可以了解到350多名浙江籍以及曾在浙江工作学习过的院士的事迹。特别是在“身边的院士”部分，观众可以通过多媒体与院士进行实时的交流，选择自己感兴趣的问题向院士请教，聆听他们的学术思想、人生感悟，以及可持续发展和科技创新等方面的问题。

5层、6层设有机器人工作室、无线电工作室、培训实验室等科普教育培训设施。在智能机器人展区，不仅有会跳舞、会演奏、会格斗的机器人，还有跟真人一样大小的行走机器人。行走机器人既能给观众带来中国传统的太极拳表演，还可以开仿真车兜兜风。

在1层大厅，还设有4D特效影院和沉浸式影院两座科普影院。其中作为标志性建筑的直径30米巨型大球内的沉浸式影院，全套设备从美国引进，特制的银幕让观众的视野完全被画面笼罩。

3. 地址与联系方式等信息

地　　址：浙江省杭州市西湖文化广场2号

官　　网：http://www.zjstm.org

服务电话：0571–85090500

电子邮箱：kjg2003@vip.163.com

开馆时间：周三至周日

浙江省科技馆
官方微信公众号

（二）中国杭州低碳科技馆

1. 简介

中国杭州低碳科技馆是以低碳为主题的大型科技馆，是集低碳科技普及、绿色建筑展示、低碳学术交流和低碳信息传播等职能为一体的公益性科普教育机构，是公众特别是青少年了解低碳生活、低碳城市、低碳经济的“第二课堂”。科技馆位于浙江省杭州市高新技术产业开发区，总建筑面积3.37万平方米，2015年对外免费开放。

该馆建筑因地制宜地采用了太阳能光伏建筑一体化、日光利用与绿色照明技术、水源热泵和冰蓄冷等十大节能技术。场馆内部的布展材料及施工过程、展品材料及制造过程均坚持绿色低碳。中国杭州低碳科技馆已获得住房和城乡建设部颁发的“三星级绿色建筑设计标识证书”，是国内第一家获得此项认证的科技馆，是杭州绿色建筑的典范。中国杭州低碳科技馆坚持“生态、节能、减碳”，不断丰富展示内容，提升展教水平，完善各种服务，开展国际交流与合作，表达杭州打造低碳城市的理念，将自身打造成低碳科技普及中心、绿色建筑展示中心、低碳学术交流中心和低碳信息资料中心。

2. 主要展项或展区

中国杭州低碳科技馆以“低碳生活，人类必将选择的未来”为主题，以低碳为主线，设置了1个序厅、7个常设展厅、巨幕和球幕2座特种影院、1个临时展厅、1个学术报告厅、多个科普实验室。7个常设展厅包括“碳的循环”“低碳城市”“全球变暖”“低碳科技”“低碳生活”“低碳未来”“儿童天地”。

通过“碳的形成与存在”“全球变暖”“低碳生活面面观”“漫游低碳未来”“低碳导览机器人”等100余个科学性、趣味性和互动性相结合的展品、展项，向公众弘扬科学精神、倡导科学方法、传播科学思想、普及科学知识。

序厅和常设展厅面积12000平方米，主要的特色展厅如下。

（1）序厅。位于科技馆1层，通过生动形象的图片、视频、模型等形式，配以高科技的智能支持，向公众宣扬“低碳生活——人类必将选择的未来”主题，激发参观者继续深入了解低碳科技馆的兴趣。

（2）“全球变暖”展厅。位于科技馆2层，是国内首个采用主题演绎展示方式的展厅，是集合了多种现代科技艺术表现手法的沉浸式体验区。在这里，参观者将乘坐竹筏，依次体验“美丽的家园西湖”“城市蔓延”“冰川融化”“燃烧的大地”“极端天气”“西溪湿地”6个主题展区，诠释全球变暖带来的令人震撼的各种极端环境。

（3）“低碳城市”展厅。位于科技馆2层，展现了与人们生活相关的低碳产品，通过“各种交通工具”“碳排量测定”“我国的能源利用现状”等互动展品，让公众自觉加入低碳生活的行列。

（4）“低碳生活”展厅和“低碳未来”展厅。位于科技馆3层。其中，“低碳生活”包括“我与低碳”“家庭与低碳”“地球与低碳”3方面，通过互动展品展示低碳生活的魅力，祝福低碳未来。

3. 地址与联系方式等信息

中国杭州低碳科技馆
官方微信公众号

地　　址：浙江省杭州市滨江区江汉路 1888 号

官　　网：http://www.dtkjg.com

咨询热线：0571-87119500

开馆时间：周三至周日

（三）温州科技馆

1. 简介

温州科技馆位于浙江省温州市市府路，建筑面积为 2.6 万平方米，展厅面积为 1.5 万平方米，建设资金约 3 亿元，2015 年对外免费开放。

温州科技馆在展品、展项布置上采用大型场景、陈列型展品、操作型展品、直接运用计算机技术的展品、自动化类展品、影视类展品等形式，做到科学性、知识性、趣味性相结合。展示内容设置不仅基于基础理论的推广，而且体现先进科学技术及其发展的趋向，体现科学技术与人文社会科学的结合。

温州科技馆是具有温州特色的标志性科普教育基地，是青少年学生学习科学知识、增长见识、开阔视野、提高学习兴趣的理想场所。

2. 主要展项或展区

温州科技馆整个展厅分为南北两大部分，有展品、展项约 290 件（套）。南展厅分为 3 层，展示主题以“3F”即科学大地（Field）—科学开拓

（Frontier）—科学未来（Future）布置。北展厅以少年儿童为主要参观对象，单独设置娱乐性较强的少儿科技天地展区。

1 层为基础科学展区。基础科学是一切科学的基石，该展区设置了“科学语言”“音的感知”“视觉与色彩”“力与机械”“电与磁”等部分，通过对基础科学经典展品的演示，将抽象、复杂的科学原理转变成直观、简单的现象，展现在观众的眼前。

2 层为应用科学展区。科学技术的发展最终是为了改变人类生产生活方式，从而促进社会的进步与和谐。2 层展厅设置了“全息音响”“立体交通”“古代天文”“新能源与新材料”“小制作工坊”“体感游戏乐园”等部分。从科学技术在生产、生活方方面面的应用来展示科技为人类社会带来的巨大变革。

3 层为前沿科学展区。21 世纪新兴科技迅猛发展，该展区选取了计算机数码技术、纳米技术、机器人技术 3 方面，设置 3 个主题展厅，设置了许多参与性、互动性的展品，让观众近距离地接触、了解前沿科学的发展趋势。

3. 地址与联系方式等信息

地　　址：浙江省温州市市府路 481 号

官　　网：http://www.wzstm.com

咨询热线：0577-88958895

开馆时间：周三至周日

温州科技馆
官方微信公众号

（四）嘉兴市科技馆

1. 简介

嘉兴市科技馆位于浙江省嘉兴市南湖区广益路，于1997年9月对公众正式开放。科技馆占地面积0.99万平方米，建筑面积0.8万平方米，2015年对外免费开放。

嘉兴市科技馆先后获得“全国科普教育基地”“全国地（市）级科技馆示范馆”“全国科普工作先进集体”“全国防震减灾科普教育基地”“浙江省文明单位”等荣誉称号。

2. 主要展项或展区

嘉兴市科技馆展厅建筑面积0.24万平方米，展品、展项140件（套）左右，有常设展厅和临时展厅。

常设展厅包括声光展区、磁电展区、数学展区、虚拟现实（AR与VR技术）展区、安全教育展区、健康展区6个展区。临时展厅组织开展各种临时展览。

声光展区带领观众了解光线和声音的产生、传播和接收等。磁电展区主要通过认识电流、电的体验、磁电转换等展项认识磁电知识。数学展区以突出数学的社会化功能为特色，包括数学史、数学家、数学与人类活动、体现数学思想和数学方法的参与互动展项4个部分，引导观众了解数学之史、数学之美、数学之趣。虚拟现实（AR与VR技术）展区通过AR和VR技术，把展览地点扩展到特定的虚拟领域。展厅功能集视频、互动、虚拟、声音、图片、模拟于一体，可以让参观者沉浸在一个数字化的场景之中。安全教育展区带领观众正确认识地震，了解灾后自救与互救的知识。健康展区带领观众开启人体健康的探索之旅，解读人体结构与功能，寻找保持健康的方法，引导观众关注身心健康，培养健康的生活习惯。

嘉兴市科技馆面向公众特别是青少年学生，组织开展各类科普活动，如主题参观、基层巡展等，以其简练、有趣、生动活泼和公众亲自参与的方式，促进公众理解科学、体会科学方法、感受科学精神。

3. 地址与联系方式等信息

地　　址：浙江省嘉兴市南湖区广益路 526 号

官　　网：http://www.jxkjg.org

咨询热线：0573-83633501

开馆时间：周三至周日

嘉兴市科技馆
官方微信公众号

（五）绍兴科技馆

1. 简介

绍兴科技馆新馆本着建筑设计与内容设计同步、建筑和内容设计为管理运行服务的原则进行建设，借鉴吸收并运用现代高新技术发展成果、低碳节能环保发展趋势及上海世博会布展的理念、设计和技术。总建筑面积 3.1 万平方米，其中地上建筑面积 2.5 万平方米，地下建筑面积 0.6 万平方米。地上 3 层，地下 1 层。总体建筑方案寓意绍兴“水上明珠”之含义。

绍兴科技馆平面功能设计为南北两区。北区为儿童乐园和影院区，南区为常设展览、临时展览、教育培训区、学术交流区和行政办公区等。绍兴科技馆 2015 年对外免费开放。

2. 主要展项或展区

绍兴科技馆主要功能为科普展览、科技教育、科学实践、学术交流和科技展示等。常设展厅面积6700多平方米，展品、展项300余件（套）。主要展厅介绍如下。

（1）地球与生命展厅。分7个板块，分别是前言、地球历史、地球宝藏、生命历史和生命演化、生态系统和生命多样性、宇宙剧场和结束语。本展区由中国科学院古脊椎动物与古人类研究所全方位负责内容策划和项目实施，其中的古鱼龙化石是无价之宝。

（2）探索与发现展厅。分6个板块，分别是认识自然的声光、描述世界的数学、推动文明的力、改变时代的电磁、机器人展区、科学表演台，为观众提供探索科学的场所。

（3）科技与生活展厅。设有虚拟驾驶飞机、新能源汽车、水游绍兴、高铁技术、火场逃生体验、地震体验等互动展项，昭示信息时代科学发展日新月异，新发明、新创造层出不穷。观众能感触航海、铁路、航空、汽车这些运输手段对人类迁移方式的改变，了解电报、电话、电缆、光纤等信息传播技术的跃进对社会的改变。

（4）彩虹儿童乐园。环境设计以展示内容为基础，在空间布局上形成了“我”“我们的家”“我们周围的世界”的格局。展厅以红、黄、蓝3种颜色为基础色调，整个展厅不仅有充满童话色彩的奇情妙境、大自然的万千景象，还有一些寓教于乐的展项。

3. 地址与联系方式等信息

地　　址：浙江省绍兴市镜湖新区洋江西路528号

官　　网：http://www.sxkjg.net

绍兴科技馆
官方微信公众号

咨询热线：18057560519

开馆时间：周三至周日

（六）湖州市科技馆

1. 简介

湖州市科技馆位于浙江省湖州市仁皇山路，总建筑面积 0.90 万平方米，布展面积 0.66 万平方米，2015 年对外免费开放。

2. 主要展项或展区

湖州市科技馆在整体环境布置和展品、展项的设计上，结合湖州地域文化和科技发展成果，围绕“科技与人类”的主线，设置了“高新技术”“科技与社会”“基础科学”“少儿科技园”4 个主题区，有展品、展项百余件。展品、展项考虑趣味性、参与性、互动性，将科学知识的传授和娱乐相结合，寓教于乐，让观众在游艺之间领悟科学原理、学习科学知识。

“高新技术”主题区设有：“宇宙探索”“信息万象”“生命科学”“机器人世界”4 个展区。

“科技与社会”主题区设有：“能源与气象”“防灾减灾”“城市之光”“4D 体验厅”4 个展区。

“基础科学”主题区设有：“力学奇观”“电磁世界”“声光奥秘”“数学天地”4 个展区。

“少儿科技园”主题区设有：“少儿天地”“野外探索”“动手作坊”“少儿设计工作室”“童心创想画廊”5 个展区。

湖州市科技馆以提高公众科学文化素质为目的，面向社会公众开展科普展览、科技培训、青少年科技创新竞赛等活动；通过展品、展项及互动性的参与活动，向公众展示科技发展的最新成果及前沿动态，揭示高新技术对经济社会发展的推动作用，阐释客观世界的基本规律，回顾人类认识客观世界的历程，呵护孩子们的好动天性，引导孩子们的探索精神，培养青少年科技创新的意识和能力。

3. 地址与联系方式等信息

地　　址：浙江省湖州市仁皇山路999号

官　　网：http://www.hzstm.org

咨询热线：0572-2399065

开馆时间：周三至周日

湖州市科技馆
官方微信公众号

十二、安 徽 省

（一）安徽省科学技术馆

1. 简介

安徽省科学技术馆位于安徽省合肥市高新区，由安徽省政府投资建设，建筑面积 1.2 万平方米，于 1999 年 9 月开馆。安徽省科学技术馆的主要功能是展览教育、培训教育、实验教育，先后被评为“全国科普教育基地”“全国爱国主义教育基地”“全省青少年科技教育基地”“合肥市中小学生素质拓展基地”等，2015 年对外免费开放。

安徽省科学技术馆造型独特，一座三角形的高大建筑整体外观就像一个大写的英文字母“A”。这个创意既反映了科技馆的安徽地域特色，又蕴含着当代科学技术所具有的不断向上攀登的深刻寓意。

2. 主要展项或展区

安徽省科学技术馆展厅建筑面积 5000 平方米，分 8 个展厅，分别是前厅、中厅、动手园、第一至第五展厅。第一展厅是“神奇磁电区”和“智能机械区”；第二展厅是“航天博览区”；第三展厅是“通信与信息区”；第四、第五展厅是"安徽科技发展区与发展史区"。

该馆展示的内容着重反映基础科学原理、未来科技发展的趋势、中国国民经济发展领域内的重大成就，以及具有安徽地方特色的科技发展史。主要包括物理学、航空与航天、生命科学、环境科学、信息技术、能源与交通、材料与制造技术等领域，有展品、展项约200件（套），如磁悬浮地球仪、磁悬浮列车、电磁炮、掰手腕机器人、电脑哈哈镜、旋转椅抛球、挖掘机、探险号飞船（即动感电影）等展品。展品集科学性、知识性、趣味性、参与性、艺术性于一体，借助声、光、电、多媒体等现代化展示手段，生动形象地向公众普及科学技术知识。参观者在直接参与操作展品的过程中，可以感受现代科学技术对国民经济发展和社会进步的重要影响，并能亲身体验到科学技术带来的乐趣。

"安徽科技发展区与发展史区"集中反映了安徽省古代科技发展的历史及重要成就，反映了科技发展的现状和成果。

该馆还有专为中小学生开设的动手园，小观众可以亲手做一张纸，或在木工小机床上亲手切割木板并按图示拼装成各种小动物等形状。

近年来，随着社会公众对科学文化的需求日益增长，安徽省科学技术馆加大了对馆区的改造力度，提升为公众服务的能力：开展"巾帼文明岗"和"青年文明号"义务讲解；创新科普活动形式，丰富科普教育内容，推出系列科普表演剧、"动手做"科学实验广场、"挑战惊奇"科普互动表演剧等活动，吸引了社会公众的积极参与，取得了良好的社会效果。

3. 地址与联系方式等信息

地　　址：安徽省合肥市高新区天乐路8号

官　　网：http://www.ahstm.org.cn

咨询热线：0551-65329986

开馆时间：周三至周日

安徽省科学技术馆
官方微信公众号

（二）合肥市科技馆

1. 简介

合肥市科技馆坐落于安徽省合肥市蜀山区黄山路中段，与中国科学技术大学、合肥工业大学、安徽大学比邻，位于合肥的文化长廊和科教旅游的核心板块，处在合肥市科教密集区的中心地带。合肥市科技馆总占地面积 1.67 万平方米，建筑面积 1.20 万平方米，总体建设规模和设施状况在全国各科技馆中名列前茅，于 2002 年 5 月建成开馆，2015 年对外免费开放。

合肥市科技馆多次荣获中国科协“全国优秀科普教育基地”称号，先后获得“全国科普教育基地科普信息化工作优秀基地”“科技馆活动进校园项目优秀单位”及中国科技馆发展基金会颁发的“科技馆发展奖”和“创业奖”等多项荣誉。

科技馆外观像一艘乘风破浪的巨轮，象征着远航的科技之舟，整个建筑外观效果随距离和角度而不断变化，给人一种神秘变幻的美感。

2. 主要展项或展区

合肥市科技馆主展厅建筑面积为 5822 平方米，分 5 层，设有儿童、数学、力学、机械、人体 WE、信息技术、现代交通、声光电磁、杨振宁陈列馆 9 个展区，有 400 多件（套）展品、展项。

主展厅东侧的球形展厅内设有全省唯一的天象及穹幕影院，建筑面积为 1513 平方米。影院外观酷似一只巨大的飞碟，象征着科技的无穷奥秘。

主展厅西侧的学术交流区、科技培训区和办公区建筑面积为 4502 平方米。

合肥市科技馆始终秉持“以人为本、常办常新”的办馆理念，每年保持 20% 的展区展品更新改造比例，每年新增各类科普教育资源 100 多项，逐步形成了以展览教育为抓手，以基于展品的深度讲解教育活动和非基于展品的教育活动为发力点，以科技馆进校园（社区）、流动科技馆、创客教育为延伸的科普教育体系。

3. 地址与联系方式等信息

地　　址：安徽省合肥市蜀山区黄山路 446 号
官　　网：http://www.hfstm.com
咨询热线：0551-65192320
开馆时间：周三至周日

合肥市科技馆
官方微信公众号

（三）淮北市科学技术馆

1. 简介

淮北市科学技术馆位于安徽省淮北市相山区，建筑面积 0.12 万平方米，于 2014 年 10 月建成开放，2018 年对外免费开放。

2. 主要展项或展区

淮北市科学技术馆设有基础科学展区、现代科教技术展区、儿童乐园、4D 影院体验区、机器人创客空间 5 个展区，有展品、展项 68 件（套）。

3. 地址等信息

地　　址：安徽省淮北市相山区淮海中路 28 号
开馆时间：周二至周日

本书出版时该馆暂未开通官方微信公众号

（四）安徽省蚌埠市科学技术馆

1. 简介

安徽省蚌埠市科学技术馆暨蚌埠市少年儿童科技中心，位于安徽省蚌埠市胜利中路，于1984年6月正式开馆，建筑面积0.48万平方米，是安徽省第一座科技馆，也是当时全国仅有的6座科技馆之一。

安徽省蚌埠市科学技术馆坚持服务科普、服务大众、服务青少年的宗旨，通过组织中小学校学生来馆免费参观、开设主题展览、开展主题活动等形式，对青少年和公众进行爱国主义教育、革命传统教育和科学普及教育；先后被有关方面确立为“全国科普教育基地”“全国青少年科技教育基地”“全国青少年校外活动示范基地”“安徽省青少年科技教育基地”“安徽省爱国主义教育基地”等；2015年对外免费开放。

2. 主要展项或展区

安徽省蚌埠市科学技术馆设有常设展览、临时展览和流动展览，常设展厅面积1450平方米，展品、展项140件（套）。该馆先后举办了“知水、识水、话节水”“崇尚科学文明 反对迷信愚昧”“科学发展观：人与自然和谐发展篇”大型图片展，“宇宙奥秘”科普展，“节约能源 保护环境——节能减排全民行动”大型专题展，“中国古代科学技术”“20世纪科技成果及21世纪科技展望”“倡导低碳生活，维持生态平衡”知识展等大型主题展览。

该馆推出暑期“广场科普夜市”和“流动科技馆进校园、进社区、进军营”特色科普活动。公众通过“科普夜市”可以欣赏到经典的爱国主义教育影片展播，还可亲身感受各类科普展品带来的互动乐趣。流动科技馆走进了学校、社区和军营，提供流动科普展品，放映爱国主义教育影片，使科普活动向科普资源相对匮乏的地方倾斜。

3. 地址与联系方式等信息

地　　址：安徽省蚌埠市胜利中路51号科学宫东二楼

官　　网：http://expo.machineryinfo.net/template/hallindex/675

咨询热线：0552-2046115

开馆时间：周三至周日

安徽省蚌埠市科学技术馆官方微信公众号

（五）滁州市科技馆

1. 简介

滁州市科技馆位于安徽省滁州市龙蟠大道，与市规划馆、博物馆及行政大厅围绕滁州行政中心共同构成具有标志性的文化建筑群。滁州市科技馆从设计至竣工历经6年，总建设面积约1.55万平方米，场馆建设与展教工程总投资约1亿元，2016年对外免费开放。根据科技馆功能需要，馆内主要分为展览展示区、教育培训区、科技报告厅（数字科普影院）、办公服务区等功能区。

2. 主要展项或展区

滁州市科技馆主体建筑为3层，常设展厅面积约为4800平方米，设置了“儿童乐园”“安全岛”“探索发现”“智慧之光”“科学生活”5个主题展厅，14个专题展厅，以及创客活动教育实验区。

1层为“儿童乐园”主题展厅。该展厅面积1850平方米，主要针对7~12

岁儿童设计，展区以启迪儿童的好奇心、培育想象力、激发创造力为主旨，内设“科学城堡”“快乐天地”“森林探秘”3个支撑展区，有50件展品，全部为互动展品。主要展品、展项有“百变滑道”“戏水乐园”“一米丁六角”“给我一个支点撬动地球”“生生不息”等，涉及基本科学知识、森林知识等的普及。1层展区互动性很强，让孩子们在玩要中释放快乐的天性，学习科学知识，启迪创造的灵感。

2层为“安全岛”主题展厅。该展厅面积850平方米，以提升公众安全意识、筑牢安全防线为目标，设置了贴近生活、立足实际的人防安全和家庭安全展项。包括“走进人防”“公共安全”“居家安全”“低碳生活”4个支撑展区，有24件展品，其中11件为互动展品。“走进人防”专题展区包含“防空警报类型”“滁州人防”“虚拟防空体验”“生化武器与防护”等项目；“公共安全”专题展区包含“公共交通标志大全”“公交安全行”等项目；“居家安全”展区包含“火灾隐患”“用电安全”“燃气阀门关闭”等项目。

3层为主展厅，包括“探索发现”“智慧之光”“科学生活”3个主题展厅。主展厅面积2100平方米，以“科学·技术·社会”为主线，设置了95件（套）展品，全部为互动展品。

“探索发现”主题展厅主要讲述力与运动、光与声、电磁学等一系列科学知识，以基础学科的知识体系为线索，通过系列展品，探索与发现世界运转的规律；“智慧之光”主题展厅以科技互动与机器人科技展项为主，让参观者体验机电科技的魅力；“科学生活”主题展厅从生命起源说起，揭示人体奥秘和健康的标识，激发参观者热爱生活、追求健康的人生信念。

每个展厅都融合了现代科技、历史人文和社会热点。尤其是其中的“醉翁之意”展品更是独具匠心，以欧阳修吟诵《醉翁亭记》为题材，展示出政清人和、与民同乐的滁州景象，流露出天人合一、乐观豁达的和谐向往。综观展品的表现形式以及情景烘托，都给公众耳目一新的体验。

创客活动教育实验区的设置，为滁州市科技馆的可持续发展和教育创新带来活力。

3. 地址与联系方式等信息

滁州市科技馆
官方微信公众号

地　　址：安徽省滁州市龙蟠大道 99 号
官　　网：http://www.czstm.org.cn/default.aspx
咨询热线：0550–3061983
开馆时间：周三至周日

（六）马鞍山市科技馆

1. 简介

马鞍山市科技馆位于安徽省马鞍山市花雨路，2017 年对外免费开放。

2. 主要展项或展区

马鞍山市科技馆有“探索发现”“展望未来”“生态家园”“健康生活”“智慧生活”“产业科技”等展厅。

3. 地址与联系方式等信息

马鞍山市科技馆
官方微信公众号

地　　址：安徽省马鞍山市花雨路 11 号
电　　话：0555–2323614
开馆时间：周三至周日

（七）芜湖科技馆

1. 简介

芜湖科技馆坐落于安徽省芜湖市鸠江区，东临、南接方特欢乐世界，西靠银湖北路，北依芜湖长江大桥。科技馆占地面积 2 万平方米，建筑面积 1.66 万平方米，建筑为地下 1 层、地上 4 层，高度 36 米。芜湖科技馆整体造型为一艘乘风破浪的巨轮，寓意为扬帆远航的科学方舟。

芜湖科技馆是芜湖市提高公民科学素质的大型公益性设施，是国家 AAA 级旅游景区，先后获得“全国科普教育基地”“国家防震减灾科普教育基地”等荣誉称号。2015 年对外免费开放。

2. 主要展项或展区

芜湖科技馆展厅面积 8800 平方米，设有常设展厅、临时展厅、实验培训教室、科普植物园和报告厅等，常设展品、展项 250 余件（套）。1 层、2 层为常设展览展厅和临时展览展厅，3 层为青少年工作室，地下 1 层设有一个防震减灾科普展区。

芜湖科技馆展教主题为“时代、科学、智慧、体验”，展示主线为“感受时代，理解科学，领悟智慧，探索体验”。有 A、B、C、D、E、F 6 个展区，分别为地方特色展区、儿童科学乐园、基础学科展区、现代信息技术和高新科技展区、创客工作室、防震减灾科普展区。主要展厅、展项介绍如下。

1 层 A 厅是芜湖地方特色展区，展示芜湖古代、近代和现代科技社会发展历程，展望未来，宣传近现代芜湖重要科技成果及重要企业。展厅设有“奇瑞之窗”“核电知识”“芜湖科技”3 个支撑展区。其中，“奇瑞之窗”是特色展区，以奇瑞汽车为主题展示了汽车技术和汽车文化。“核电知识”通过AP1000核电模型普及核能的开发和安全利用知识。“芜湖科技”展示芜湖古代和近现代重大科技成果。

2层C厅是基础学科展区，围绕数学、力学、声学、光学、电磁学等基础学科的原理、定律，展示经典实验和现象，传播科学知识，认知和体验科学的发展与应用。设有“数学之美”“力学之旅”“电磁之舞”“声光之妙”4个支撑展区。

2层D厅是现代信息技术和高新技术展区，展示高新技术、信息技术和能源综合利用等与人类生产生活息息相关的知识。设有“智能机器人”“虚拟现实”“生命健康”“公共安全”“能源利用”5个支撑展区。

3. 地址与联系方式等信息

地　　址：安徽省芜湖市鸠江区银湖北路70号

官　　网：http://www.whkjg.com

咨询热线：0553−5889020

开馆时间：周三至周日

芜湖科技馆
官方微信公众号

（八）铜陵市科学技术馆

1. 简介

铜陵市科学技术馆位于安徽省铜陵市铜官山区石城路，建筑面积为0.35万平方米。铜陵市科学技术馆先后荣获“全国科普教育基地”“全国首批中小学校科普实践教育基地”“铜陵市爱国主义教育基地”和“铜陵市环境教育基地”等称号，2015 年对外免费开放。

2. 主要展项或展区

铜陵市科学技术馆有常设展厅和临时展厅，展厅面积 2500 平方米。常设展厅设有“基础科学”“科技与生活”“生命科学”“挑战与未来”4 个主题展厅。其中，后 3 个展厅为 2016 年新设模块，有展品、展项约 80 件（套）。

（1）“基础科学”展厅。分布于科技馆各层。主楼 1 层为视觉、智力、机械展厅，主要有“模拟驾驶”“欢乐坞”等展品；附楼 1 层为力学、声学和光学展厅，主要有“自己拉自己”“腾空而起”“无皮鼓”等展品；附楼 2 层为磁电、数学展厅，主要有“磁悬浮列车”“混沌水车”“滚出直线”等展品；附楼 3 层为基础科学展厅，主要有“驻波”“双曲斜线”“为何拿不起”等展品。

（2）“科技与生活”展厅。位于 1 层西侧，以“科技改变生活”为主题，设置“趣味科学”“智享生活”2 个子展区。展厅利用中央挑空区域，设计大型标志性展项“莫比乌斯带”，打造整馆第一印象空间。结合“甩绳”“一杯牛奶的智慧”“同一片蓝天”等 22 组展项，在展现经典科学的同时，兼顾贴近生活的食品安全、智慧交通等热点知识。

（3）“生命科学”展厅。位于2层，是铜陵市为践行健康中国理念，宣传、普及生命健康知识而打造的重要展厅。展厅以“探究人体 · 乐享健康”为主题，规划“人体探秘”“健康生活”2 个子展区，设计“人脑司令部”“跳动的心脏”“人体八大系统”等 19 组展项，帮助公众更加科学地认识自身，并引入世界卫生组织对健康的衡量标准，展示高新科技对医疗技术、生活方式及健康心态的积极作用。公众还可以在体能及体质测试区，了解运动与健康的相关知识，满足多样化、个性化的健康测试需求。

（4）“挑战与未来”展厅。位于 1 层东侧，以“感知现代科技 · 畅想美好未来”为主题，规划“智玩挑战”“机械魅力”2 个子展区，设置“虚拟水流墙”“北极家园”“未来的你”等17组展项，汇集红外、传感、体感、语音等创新技术，展示科学技术的无穷魅力，让公众在轻松有趣的互动体验中感知现代科技，畅想更美好的未来。

为进一步活跃展馆氛围，铜陵市科学技术馆打造了跳舞机器人和投篮机器人。跳舞机器人动感十足，投篮机器人百发百中，展现了令人叫绝的智能机械魅力。

3. 地址与联系方式等信息

地　　址：安徽省铜陵市铜官山区石城路92号

咨询热线：0562-2816521

开馆时间：周三至周日

铜陵市科学技术馆
官方微信公众号

（九）池州市科学技术馆

1. 简介

池州市科学技术馆位于安徽省池州市秋浦东路，于2012年10月开始动工建设，总投资2.3亿元，占地2万平方米，总建筑面积为0.65万平方米，2013年12月正式开馆，2015年对外免费开放。

池州市科学技术馆建筑外形时尚、前卫，融合了科技、自然、人文等因素。

2. 主要展项或展区

池州市科学技术馆以“科技、人类、自然”为展示主题，围绕“探索发现、创新发展、和谐家园”展示主线，设置1个序厅、3个展区、7个展厅、3

个实验室、1个科普大讲堂、2个远程教室和1个4D特效影院。常设展厅面积3823平方米，展品、展项115件（套）。

序厅主要作为公众的集散场所，有咨询服务和参观引导。利用序厅的高度，在序厅设有标志性的大型展品，具有较强的视觉冲击效果，调动参观公众探索求知的情绪。

第一展区包括“序厅”和“智能天地”“视听乐园”2个展厅。

第二展区包括“生命健康”“自然万象”“信息时代”3个展厅。

第三展区包括“磁电世界”“数理奥秘”2个展厅和实验培训区。

3. 地址与联系方式等信息

地　　址：安徽省池州市秋浦东路75号

官　　网：http://www.ahczkjg.com

咨询热线：0566-3392378

开馆时间：周三至周日

池州市科学技术馆
官方微信公众号

（十）安庆科学技术馆

1. 简介

安庆科学技术馆坐落于安徽省安庆市迎江区，占地1.53万平方米，建筑面积1.53万平方米，1995年10月建成并投入使用，2014年改造完工，2015年对外免费开放。

安庆科学技术馆按功能划分为室内展区和室外展区。室内展区建筑面积0.49万平方米，设有常设展厅、临时展厅、多功能展厅、科普教育活动室、天象馆、办公及附属用房等；室外展区为科普植物园，面积约 0.2 万平方米。

2. 主要展项或展区

安庆科技馆常设展厅建有儿童科学乐园、神秘的力、电磁奥秘、戏水湾、人与健康、低碳环保、智能与机械、安庆科技、海绵城市等展区，展品约 150 件（套）。展品集科学性、知识性、趣味性、参与性及艺术性于一体，观众通过参与展品的互动，能够亲身体验科学的奥秘和乐趣。

其中，比较有特色的是“海绵城市”主题展厅。该展厅主要采用展板、实物模拟及声光电等演示手段，详细介绍了“海绵城市”的内涵、发展及未来。该展厅将当前城镇化建设中的先进理念、规划设计和技术展品巧妙地转化为市民易于理解的科普展品，旨在向市民宣传“海绵城市”的生态建设，以及与我们日常生活的密切联系。

该馆还主办、承办和协办了“恐龙世界科普展”“反对迷信愚昧、崇尚科学文明”“航空、航海军事知识展”“海洋贝类、珍稀昆虫展”“著名科学家生平事迹展”“青少年预防艾滋病知识展览”“科普展品巡展”等多场科普展览。组织了“航天知识”“天文知识”“如何发明创造”“青少年科幻绘画大赛”“青少年科技创新大赛”等科技报告会、讲座及各种科学竞赛活动。

3. 地址与联系方式等信息

地　　址：安徽省安庆市迎江区菱湖南路 100 号

咨询热线：0556-5503154

开馆时间：周三至周日

安庆科学技术馆
官方微信公众号

十三、福 建 省

（一）福建省科学技术馆

1. 简介

福建省科学技术馆位于福建省福州市古田路五一广场东侧，占地面积 0.6 万平方米，建筑面积 0.8 万平方米，1993 年 1 月开馆，是集展览教育、学术交流、培训实验、特效影视为一体的综合性科技馆，2015 年对外免费开放。

福建省科学技术馆以科普教育为主要功能，不断丰富展教内容，发挥科技馆的科普主阵地作用，是“全国科普教育基地”“全国青少年科技教育基地”“全国青少年校外活动示范基地”。

2. 主要展项或展区

福建省科学技术馆常设展厅 4000 平方米，有各类展品 300 余件（套）。重点展示当今科技发展的新内容、新技术及前沿科学等，在展示形式上大量采用影视、光电和虚拟技术，80% 的展品可供公众动手操作，科学性、知识性和趣味性有机结合在一起。

该馆建有青少年科学工作室，有木工模型制作、电脑机器人、信息技术、航模制作和无线电等。有设备齐全、性能先进的学术报告厅和培训教室。同时，建有500平方米的院士厅和150米长的院士画廊，展示149位闽籍及在闽工作院士的风采。

该馆还开展了形式多样的科普活动，包括基层流动科技馆、海西科普大讲坛、海峡两岸科普嘉年华、科普助学、科技馆活动进校园、青少年科学素质培养等。

3. 地址与联系方式等信息

地　　址：福建省福州市古田路89号

官　　网：http://www.fjkjg.com

服务电话：0591-83311804/83312712

开馆时间：周三至周日

福建省科学技术馆
官方微信公众号

（二）福州科技馆

1. 简介

福州科技馆成立于1992年，2007年迁至现址，现馆位于福建省福州市仓山区橘园洲大桥下公园内，占地面积2.5万平方米，建筑面积0.8万平方米。福州科技馆是“全国科普教育基地”和“福州市青少年学生第二课堂”，2015年对外免费开放。

2. 主要展项或展区

福州科技馆由北馆、中馆、南馆和科普生态园组成。

（1）北馆。展厅建筑面积3000平方米，设置了“科学迷宫展区”“航天展区”“古生物化石展区”和“儿童乐园”，展品96项。其中，可参与展项82项，古生物化石87种、127块。针对未成年人的接受能力和特点，采用声、光、电等现代科技手段，增强参观教育的吸引力和活动效果。

该展厅拥有中国科协2008年配发的科普大篷车，随车携带25件（套）科普展品，进社区、进学校。

（2）中馆。以展示自然生态功能为主。2012年根据市政府协调安排，接收原福州市规划展示馆，改成“自然馆”，建筑面积4000平方米。根据原规划展示馆遗留的城市规划沙盘等展品进行保护性改造，设“生态福州”“闽都院士风采”“SOS环境剧场”“智能家居展示”4个主题展区。

（3）南馆。是办公区域兼临时展厅，建筑面积约900平方米。设办公室、财务部、展教部、技术部、拓展部5个部门。

（4）科普生态园。分为“科普农场”和“科普果园”，占地1万平方米。“科普农场”占地0.7万平方米，主要种植农作物和花卉，农作物品种60多种，花卉10多种，农场粉丝数4.5万人，可承载耕种单位500户。“科普果园”占地0.3万平方米，增添了海峡两岸常见的49个品种125株花果树木，再现金山“花果之乡”的风采。

3. 地址与联系方式等信息

地　　址：福建省福州市仓山区橘园洲大桥下公园内

官　　网：http://www.fzstm.com

服务热线：0591-83345614

电子邮箱：fzkjg83350876@163.com

开馆时间：周三至周日

本书出版时该馆暂未开通官方微信公众号

（三）泉州市科技馆

1. 简介

泉州市科技馆位于福建省泉州市丰泽区，占地 0.6 万平方米，总建筑面积约 0.71 万平方米。是集科普展教、学术交流、科技培训、青少年科技活动等为一体的多功能、综合性的科技活动场所，2015 年对外免费开放。

2. 主要展项或展区

泉州市科技馆展厅面积 3350 平方米，设有基础科学展厅、地震科学专题展厅和模拟地震体验平台、环保展厅、生命健康展厅、VR 专题展厅、儿童科学乐园、学术报告厅、机器人工作室和青少年科学工作室等。展品、展项 130 余件（套）。

常设展厅设有力学、光学、声学、电（磁）学、数学等基础科学展区及技术科学、生理错觉等展区。地震科学专题展区中的地震模拟运动平台在全国地级市科技馆中属先例。

机器人工作室和青少年科学工作室于 2009 年 4 月建设完工，面积约 220 平方米，可同时容纳 50 人以上举办 2 项以上互动实践活动。工作室开展了多种形式的培训活动及科普活动，开设科学兴趣班、陶艺制作班、机器人竞赛班、机器人训练班等多种课程。

机器人工作室利用世界知名的乐高等教具开展系列研究活动，培养学生动手能力、创新能力、分析解决问题的能力。

青少年科学工作室配备有国内外新颖的教学玩具作为活动器材，集知识性、参与性、趣味性于一体，参与者可在这小小的空间里，展示自己的聪明才智，感受各种活动带来的无穷乐趣。

3. 地址与联系方式等信息

泉州市科技馆
官方微信公众号

地　　址：福建省泉州市丰泽区田淮街

官　　网：http://www.qzkjg.org.cn

服务热线：0595-22121981

开馆时间：周二至周日

（四）漳州科技馆

1. 简介

漳州科技馆位于福建省漳州市芗城金峰开发区，于2000年建成，占地面积1.02万平方米，建筑面积0.66万平方米，2002年9月正式对外开放，2015年对外免费开放。

漳州科技馆集展览、演示、实验、教育功能为一体，是漳州市精神文明建设的重要标志之一。

2. 主要展项或展区

漳州科技馆常设展厅面积2450平方米。馆内设有“核电科普展”“航空航天专题展”“防震减灾科普展”3个专题展厅，常设展品、展项70余件（套），涉及力学、光学、数学、磁电、人体科学等方面的知识。

科技馆主要活动内容有：日常科普活动、青少年科学工作室、科普大篷车巡展、流动科技馆巡展。

组织开展每月一主题、春节科普大游园等日常科普活动，接待学校和企事业单位组织的团体参观。青少年科学工作室主要内容有“机床工作室”“模型拼装工作室”“卡丁车体验工作室”“科幻画工作室”等。漳州科技馆配置有科普大篷车，以其机动灵活、辐射面广的特点，作为外出进行科普宣传和巡展的专用车，有25件车载科普展品。流动科技馆巡展以“体验科学，启迪创新”为主题开展活动。

3. 地址与联系方式等信息

地　　址：福建省漳州市芗城区胜利西路453号

服务热线：0596−2960716

开馆时间：周一至周日

漳州科技馆
官方微信公众号

（五）三明市科技馆

1. 简介

三明市科技馆位于福建省三明市新市中路，是为社会提供公共科普服务的公益性展览机构和基础性设施，建筑面积0.89万平方米，2015年对外免费开放。

科技馆的主要任务是通过组织实施科普展览及相关的社会性活动，传播科学精神、科学思想、科学方法和科学知识，促进公众科学文化素质的提高。

2. 主要展项或展区

三明市科技馆展厅面积4680平方米，展品、展项150多件（套）。设“序厅”“科学乐园”“智慧长廊”“探索之光”“科技之星”“我们家园”6个展区和特效影院。

（1）“科学乐园”和“智慧长廊”展区。主要展示基础学科知识，以科学体验为主题，布设了模拟滑雪、射击、骑车等项目，还有综合观览水车、压水机、无源水、喊泉等涉水科普项目等。

（2）“探索之光”展区。主要展示人类对自身生命的探索和自然界的探索发现，展示人类对未来科技发展的畅想和挑战。通过展示，引导人们了解身边生产、生活环境中的科学知识，享受对自身生命和自然界的探索发现过程中带来的收获和快乐。

（3）“科技之星”展区。主要展示国内外科学家在多个科学领域的科学成果，弘扬勇于探索、无私奉献的精神，营造崇尚科学的良好氛围。

（4）“我们家园”展区。主要展示三明市地域内的地理知识、生态环境及自然资源的开发利用和保护现状，设有 VR 体验馆。通过展示，引导人们了解三明、热爱三明、建设三明。

3. 地址与联系方式等信息

地　　址：福建省三明市新市中路 235 号

官　　网：http://www.smskjg.com

服务热线：0591-83345614

开馆时间：周三至周日

三明市科技馆
官方微信公众号

十四、江 西 省

（一）江西省科学技术馆

1. 简介

江西省科学技术馆坐落于赣江之滨，毗邻江南文化名楼滕王阁，是江西省投资兴建的重点建设工程，是以展览教育为中心，融科技培训、科学报告、科学实验和科技影视为一体的大型科普教育基地，2016 年对外免费开放。

该馆占地面积 4.6 万平方米，建筑面积 1.6 万平方米。场馆主体建筑组合在螺旋运动的轨道上，造型新颖、独特。

2. 主要展项或展区

江西省科学技术馆由主展厅、儿童科学乐园、宇宙剧场、国际会议厅、青云厅及世纪广场等组成。常设展厅面积 6895 平方米，有展品、展项 260 件（套），涉及基础学科、应用技术和现代科技三大类，展品大量采用声、光、电及虚拟技术，90% 以上的展品可以动手操作，让公众亲身体验科学技术带来的乐趣。高科技的 4D 影院、穹幕影院，让观众置身于变幻无穷的影片场景之中，直接感受声音、味道和动作的刺激，深受广大观众特别是青少年观众的喜爱。

该馆主要展厅展项介绍如下。

1层展厅称为“天工厅”。分为“序厅”“航空航天”“交通能源”“走近地球”“聪明机器人”“巧妙机械”“科技表演”7个展区，主要展示的是应用技术和现代科技方面的展品。

2层展厅称为“智慧厅”。主要展示经典基础理论知识展品，分为“知识探秘”“信息之光”“神奇材料”3个展区。知识探秘展区包括“磁电区”“力学区”“数学区”“声学区”“光学区”。

3层展厅称为“开物厅”。围绕“关爱生命”主题，分为“你是谁”“保护生命安全”“呵护生命健康”3个展区。“你是谁”展区介绍人的起源、诞生、成长过程遇到的问题及方法建议，包括“导言——人生路上的选择”“你是来之不易的”“你是独一无二的”“我不仅属于我自己”4个小主题。“保护生命安全”展区介绍普及人防、地震、火灾、交通、气象灾害等有关安全方面的知识，包括“灾害就在我们身边”“逃生训练”“远离无情的火灾”“路上的安全”“空袭来了”“地震气象灾害”“城市中的隐患”7个小主题。“呵护生命健康”展区揭示日常生活的基本健康及心理健康知识，以及青春期有关知识等，分为“青春密语”“‘瘾’以为戒”“融入群体”3个小主题。

江西省科学技术馆科普活动丰富多彩，各类短期展览主题多样。面向中小学生、机关干部、市民免费举办的“科普大讲堂”已成为科技馆的知名教育品牌。率先在全省引入的科普互动剧表演，反响热烈。

此外，江西省科学技术馆还创办了《科普之窗》杂志，开展少儿科技制作活动，成立科普小分队，送科普下乡，开展科普大篷车进军营、进校园、进社区等活动，着力打造“没有围墙的科技馆”。

3. 地址与联系方式等信息

地　　址：江西省南昌市新洲路 18 号
官　　网：http://www.jxstm.com
咨询热线：0791-86597141
开馆时间：周三至周日

江西省科学技术馆
官方微信公众号

（二）赣州科技馆

1. 简介

赣州科技馆位于江西省赣州市翠微路，于 2005 年 11 月开工建设，2006 年 9 月正式对公众开放，总投资 3000 余万元，建筑面积 0.65 万平方米，是集科技展览、教育培训、学术交流、互动娱乐为一体的综合性科技活动场所，2017 年对外免费开放。

2. 主要展项或展区

赣州科技馆常设展厅面积 5500 平方米，设有 4 个主展厅：儿童科技展厅、基础学科展厅、高新技术展厅、科技影厅。每一个主展厅由若干个展区有机构成，全馆共有 18 个展区，展品、展项 170 余件（套）。

展品、展项主要包括 3 类：儿童好动、好玩类展项；阐述日常生活中基础科学知识，以及科学技术原理的互动性展项；近年来科学和技术发展前沿的互动性展项。以“认识生活、揭示原理、感受科技、探索未来”为设计主题，反映科学知识和科学原理。

（1）儿童科技展厅。位于科技馆 1 层，是以“启蒙”为主线索，由“科学乐园”“自然探索”“青少年军事训练营”等 6 个展区组成，有配套展项 43 件（套）。整个展厅设计为若干个小区域，并把大型展品如“攀爬乐园”“小小建筑师”“考古发掘”“水枪灭火”等，融入游戏的主体造型当中，能够让多个家庭同时参与科普游戏，并让他们在游戏的过程中获得科学知识，在科技的领域找到快乐。

（2）基础学科展厅。位于该馆 2 层，以“基础”为主线索，由“声光”“磁与电”“数学”“力与机械”等 5 个展区组成，有配套展项 77 件（套）。整个展厅以“机器人吹萨克斯”为中心，以弧线为造型元素，象征跨入科技的大门，通过设置主题展品和主题环境，使整个展区各具特色。比如，“数学展区”以黄色为主色调，以“三角板”和“座标”为设计造型，体现出一种沉静的、思考的、理性的空间，让数学活跃起来。

（3）高新技术展厅。位于该馆 3 层，以“延伸”为主线索，由“信息技术”“能源材料”“生命科学”“地球家园”等 5 个展区构成，有配套展项 51 件（套）。整个展厅以灰色、浅绿色、红色和米黄色为主色调，以弧线框架、计算机符号为主元素，形成一个层次丰富的空间，引领观众去体会科技、能源、信息技术、生命科学等的奥秘。

（4）科技影厅。位于该馆 4 层。科技影厅由天象厅和 4D 动感影院组成。天象厅由天象仪和内外天幕组合构成，能准确演示赤道、子午线、流星雨、日出、朝晚霞、日月食、彗星运动等景观现象，是对天文爱好者和青少年进行天文科普知识教育的重要阵地之一，可容纳 76 名观众。其中，天象仪可演示不低于 4500 颗的恒星。4D 动感影院集合了风、雨、雷、电、雪等环境效果，同时配合座椅产生的升降、震动、扫腿等特效，让观众拥有身临其境的感受，可容纳 40 名观众。

3. 地址与联系方式等信息

赣州科技馆官方
微信公众号

地　　址：江西省赣州市翠微路2号（黄金广场东南侧）

官　　网：http://www.kjg0797.cn

咨询热线：0797-8401518

开馆时间：周三至周日

（三）上饶市科技馆

1. 简介

上饶市科技馆位于江西省上饶市市政府附近，是一座独立式建筑，建筑面积 0.4 万平方米，于 2009 年 12 月完工，2010 年 2 月正式向公众开放。2015 年科技馆进行升级改造，并向社会免费开放。

升级后的科技馆设有常设展厅、特色展厅、儿童科技乐园等，在原有科普项目基础上，新增了 20 余件集科学性、知识性、趣味性、互动体验性于一体的展品，给广大公众尤其是青少年带来更好的科学体验。

2. 主要展项或展区

上饶市科技馆设中厅、展厅一、展厅二、展厅三和青少年科技活动室 5 个展区，常设展厅面积 1850 平方米，有展品、展项 90 件（套）。

展品、展项采用现代技术，综合反映光学、声学、电学、力学等学科的内容。主要展品、展项有："电离子魔幻球""万丈深渊""脚踏发电比赛""花蝴蝶测身高""巨龟称体重""自己拉自己""光哈哈镜""音乐篱笆""遥控飞机”“3D 打印机”“智能机器人”等。让参观者通过各种交互式操作，体验探索科学奥秘的乐趣。

该馆中厅还设置有“长征三号甲”运载火箭、“嫦娥一号”卫星的仿真模型和“机器人的舞台”等展项。“长征三号甲”运载火箭模型按实物比例 1∶10 制造；“嫦娥一号”卫星是我国第一颗月球探测卫星，模型按实物比例 1∶3 制造。

此外，还开展了上饶市科技馆科普大篷车下乡、流动科技馆巡展等活动。

3. 地址与联系方式等信息

地　　址：江西省上饶市广信大道右侧

官　　网：http://www.srkx.cn/a/kjg

咨询热线：0793-8209862

开馆时间：周三至周日

上饶市科技馆
官方微信公众号

（四）吉安市科技馆

1. 简介

吉安市科技馆位于江西省吉安市中心城区城南市民广场东南面，总建筑面积 2.8 万平方米，布展面积 1.2 万平方米，2019 年对外免费开放。

2. 主要展项或展区

科技馆常设展厅主要有“儿童科学乐园展厅”“基础科学展厅”“生命与环境展厅”“防灾与安全展厅”“前沿科技展厅”“工业展厅”。

3. 地址与联系方式等信息

吉安市科技馆
官方微信公众号

地　　址：江西省吉安市吉州区文体路

咨询热线：0796-7205005

开馆时间：周三至周日

十五、山 东 省

（一）山东省科技馆

1. 简介

山东省科技馆成立于 1956 年，建筑面积 0.25 万平方米，是当时全国首批科技馆之一。1983 年扩建后建筑面积达到 0.68 万平方米。2001 年，山东省委、省政府决定改建科技馆，科技馆建在济南市最繁华的商业金融中心，西临泉城广场，周边大型商场、金融机构遍布，黑虎泉、大明湖、千佛山、趵突泉等风景名胜近在咫尺。改建馆建筑面积 2.1 万平方米，占地面积 0.84 万平方米，于 2004 年 1 月正式对外开放，2015 年对外免费开放。

2. 主要展项或展区

山东省科技馆设有常设展厅、临时展厅、儿童科技园、特效影院、科普报告厅、天文观测台、流动科技馆、数字科技馆、科普大篷车等。

常设展厅展区面积 1.2 万平方米，以“人类 · 探索 · 创新”为主题，布设 300 多件（套）展品，涵盖了数学、物理、化学、天文、地理、生物、能源、材料、海洋、农业、交通等学科，形象地诠释了有史以来人类认识世界、改造世界的发展历程。常设展厅还设有青少年科普教育交流平台和科学实践体验区，定期组织各类教育交流和科学实践活动。

临时展厅位于科技馆主体建筑的南区，占地面积约 1400 平方米。

山东省科技馆各楼层的布展情况如下。

1 层由“前厅”“儿童科技园”“特效影院”3 部分组成。儿童科技园集学校、游乐园于一体，将趣味性、知识性完美结合，主要对 3~12 岁的儿童进行多元智能教育，让他们在游玩中得到科学启迪。特效影院分为球幕影院和 4D 影院，音像、动感效果逼真。

2 层是“探索发现展区”，包括“电与磁”“地球科学”“生命与健康”“光学奇观”4 个展区。

3 层分为“数学与力学展区”和“交通与能源展区”2 部分。

4 层为“艺术与发现展区”。

3. 地址与联系方式等信息

地　　址：山东省济南市南门大街 1 号

官　　网：http://www.sdstm.cn

咨询热线：0531–86064850

开馆时间：周三至周日

山东省科技馆
官方微信公众号

（二）青岛市科技馆

1. 简介

青岛市科技馆前身是中苏友好馆，1964 年改名为青岛市科学技术宣传馆，

1980年改名为青岛市科技馆，2007年根据工作需要，加挂青岛市青少年科技中心牌子。青岛市科技馆位于青岛市中山路，毗邻风景秀丽的栈桥海滨，建筑面积0.4万平方米，2016年对外免费开放。

2. 主要展项或展区

青岛市科技馆展厅面积1340平方米，有展品、展项近百件（套）。

青岛市科技馆主要以科普展教、青少年科技教育、科技培训等活动为主。科技馆组织青少年科技创新大赛，青少年航空模型、车辆模型、航海模型、建筑模型、无线电测向、电脑机器人等比赛，青少年科技夏令营和科学俱乐部活动，组织管理奥林匹克竞赛活动。每年吸引大批青少年参加，对启发青少年对科学技术的兴趣，培养动手能力，发挥了积极的作用。被中国科协命名为“全国青少年科技教育基地”。

3. 地址与联系方式等信息

地　　址：山东省青岛市市南区中山路3号

官　　网：http://www.qdstm.cn

青岛数字科技馆：http://qingdao.cdstm.cn

咨询热线：0532-80911510

开馆时间：周三至周日

青岛市科技馆
官方微信公众号

（三）潍坊市科技馆

1. 简介

潍坊市科技馆位于山东省潍坊市人民广场西南侧，由新加坡国际知名规划大师刘太格先生设计，诺贝尔文学奖获得者莫言先生题写馆名，馆标由中央美术学院设计。该馆建筑面积2.7万平方米，其中展览展示面积1.49万平方米，2015年对外免费开放。

潍坊市科技馆先后荣获“国家防震减灾科普教育基地”“全国科普教育基地”“全国科技创新大赛优秀组织单位”“全国科普日优秀组织单位”“山东省科普教育基地”等荣誉称号。

2. 主要展项或展区

潍坊市科技馆以“启迪、探索、创新”为主题，馆内260余件（套）展品构成“生命与健康”“信息生活”“天地万象”“儿童乐园”“科学世界”“潍坊科技之光”6大主题展区；“数字立体巨幕影院”“4D弧幕影院”“地震体验剧场”“全息音响剧场”“3D打印体验”构成5大体验区域；还设有2个“校园创客空间”、1个“大众创客空间”。

常设展厅以故事线、知识链的模式为统领，前沿科学技术与潍坊人文特色相辅相成，展区展品联动互动，突出科学性、知识性、趣味性的统一。部分展厅展项介绍如下。

（1）“生命与健康”展区。面积500平方米，布设“生命奥秘”和“健康生活”2个主题板块，有20件展品、展项。该展区是健康生活的“百科全书”，突出以人为本，以健康为核心，引导社会公众了解健康生活习惯，感受身体器官和科学生活方式，培养珍爱生命、爱护身体、健康生活的科学理念。

（2）“信息生活”展区。面积600平方米，有11件展品、展项。主要展示信息生活科学原理和科技成就，传播“生活离不开信息，信息改变生活”的科学理念，让社会公众全方位了解信息生活的全景全貌。

（3）“天地万象”展区。面积1000平方米，布设“宇航天地”“认识家园”“保护家园”“能源”4个主题板块，有21件展品、展项。该展区以“探索·创新”为主题，展品、展项精彩纷呈，直观形象地普及有关科学知识，社会公众通过参观体验将了解航空航天和海洋保护等知识和自然规律。

（4）“潍坊科技之光”展区。面积约2000平方米，布设“智慧潍坊”“魅力潍坊”“化工电子”“机械动力”“特色农业”“光都”6个主题板块，有展品、展项29件。展区设有“跳动的心脏”“LED鲁班锁”“飞翔的风筝”等特色科普展品（项目）。该展区寓人文地理的厚重历史于展品、展项之中，文化与传统绚丽绽放，科技与创新竞相争彩，是潍坊市科技馆的特色展区、亮点展区。

3. 地址与联系方式等信息

地　　址：山东省潍坊市高新区健康东街11601号

服务热线：0536-8675511

开馆时间：周三至周日

潍坊市科技馆
官方微信公众号

（四）济宁科技馆

1. 简介

济宁科技馆位于山东省济宁市科技新城核心区，建筑面积2.7万平方米，地上4层为常设展区，常设展览面积约0.8万平方米，地下1层为临时展区和设备区，2015年对外免费开放。

济宁科技馆以“山东省大型的技术交流平台、全国一流的科学活动场所、全国重要的科普教育基地”为建设目标。组织实施展览教育、培训教育、实验教育和科学交流等科普教育活动及相关的社会文化活动。

2. 主要展项或展区

济宁科技馆以“智慧·和谐”为展示主题，以“感知和认识世界、探索和发现世界”（启迪·智慧），“利用智慧改造世界、拓展生存空间、改善生存条件”（文明·生活），“重新认识自身、思考和探索未来、实现和谐发展”（和谐·未来）为主线，规划了“儿童科学乐园”“启迪智慧”“文明生活”“和谐未来”4个主题展区，15个一级支撑展区，16个二级支撑展区，约220件（套）展品、展项。

4个主题展区的分布和功能简介如下。

（1）“儿童科学乐园”。位于科技馆1层，分为A与B两个展厅，主要展示机械传动、能量守恒、人体五官、森林航海探秘等科学知识。

（2）“启迪智慧”展区。位于科技馆2层，分为A与B两个展厅，A厅主要展示电磁学、力学的科普知识；B厅展示数学、声学、光学的科普知识。

（3）“文明生活”展区。位于科技馆3层，分为A与B两个展厅，A厅主题为“人体·健康”，展示人类生活对身体健康影响的科普知识；B厅主题为“自然·生命”，展示生态环境对人体健康影响的科普知识。

（4）“和谐未来”展区。位于科技馆4层，分为A与B两个展厅，A厅主题为“信息·材料·低碳”，展示环保低碳的重要性；B厅主题为“智能·创意·未来”，展示未来科技并畅想济宁未来。

3. 地址与联系方式等信息

地　　址：山东省济宁市任城区崇文大道 5566 号
数字科技馆：http://kjg.cdstm.cn
咨询热线：0537-3255866
电子邮箱：jnkjghd@163.com
开馆时间：周三至周日

济宁科技馆官方
微信公众号

（五）临沂市科技馆

1. 简介

临沂市科技馆位于山东省临沂市北城新区，是临沂市科技文化设施标志性建设工程之一。一期工程 2010 年 6 月建成开放，二期工程 2013 年 10 月落成启用，科技馆占地面积约 4 万平方米，建筑面积 2.7 万平方米。临沂市科技馆 2015 年对外免费开放。

临沂市科技馆以“体验科学、启迪创新、服务沂蒙、促进和谐”为理念，集展教、影视、培训、学术交流、观众服务等功能于一体。临沂市科技馆是全国优秀科普教育基地、国家 AAAA 级旅游景区。

2. 主要展项或展区

临沂市科技馆设有“常设展厅”“科技万象展厅”“脑科学展训厅”“儿童科学乐园”“特展厅”“天文展厅”“天文观测台”7 个展厅，展品、展项 340 余件（套）；拥有 3D 影院、4D 影院、球幕影院、动感环幕影院、动感立体影院、互动立体影院、地幕影院7个特效科普影院；有梦幻剧场、青少年科普剧场2个互动表演科普剧场。主要展厅展项介绍如下。

（1）常设展厅。面积3552平方米，分为“探索与发现”“科技与生活”2个展区。包括知识魅力、航空航天、自然奇趣、信息技术长廊、人体奥秘、新能源6个主题。

（2）科技万象展厅。面积为841平方米，有10余件科技含量高、参与性强的展品、展项，为不同年龄段的青少年营造体验科学的浓厚氛围。

（3）脑科学展训厅。面积为862平方米，主要引进美国自然历史博物馆、意大利米兰文化局、西班牙格拉纳达科学中心、广东科学中心等联合开发的“大脑科学”教育展览。

临沂市科技馆在开展展览教育的同时，还组织各种科技实践活动，并经常举办面向公众的科普讲座。

3. 地址与联系方式等信息

地　　址：山东省临沂市北城新区府右路8号

官　　网：http://www.lystm.org.cn

咨询热线：0539-8605668

开馆时间：周三至周日

临沂市科技馆
官方微信公众号

（六）东营市科技馆

1. 简介

东营市科技馆位于山东省东营市东营区胜利大街以东，南二路辅路以南，奥体路以北。科技馆总建筑面积3.0万平方米，高度38.2米，地下1层，地上4层。常设展厅面积1.5万平方米，临时展厅面积0.3万平方米，是东营市大型公益性文化设施和市民科普教育基地。东营市科技馆2015年对外免费开放。

2. 主要展项或展区

东营市科技馆设置1个序厅、4个主题展厅（儿童科技乐园、探索与发现、生态与未来、市民安全体验）、1个临时展厅、5个青少年科学工作室、一个280座特效影院（含巨幕影院、4D影院、动感影院）。

一期工程主要包括序厅、儿童科技乐园主题展厅、探索与发现主题展厅、市民安全体验展厅和临时展厅，共有展品、展项216件（套）。

儿童科技乐园主题展厅设"成长体验营""欢乐农庄""梦幻城堡""戏水乐园""自然王国"5个展区。

探索与发现主题展厅设"声光之韵""电磁之奥""运动之律""生命之奇""交通之便"5个展区。

市民安全体验展厅设"社会生活安全""消防安全""交通安全""自然灾害安全"4个展区。

3. 地址与联系方式等信息

地　　址：山东省东营市东营区胜利大街602号

官　　网：http://www.dystm.org.cn

服务热线：18654663051

开馆时间：周三至周日

本书出版时该馆暂未开通官方微信公众号

（七）威海市科学技术馆

1. 简介

威海市科学技术馆成立于1989年，是威海市政府投资建设的公益性展览机构和基础性设施，是为社会公众尤其是青少年提供科技教育的场所。威海市科学技术馆新馆位于市文化艺术中心2层，建筑面积0.6万平方米，2015年对外免费开放。

2. 主要展项或展区

威海市科学技术馆设常设展厅、短期展厅、科普报告厅、4D特效影院。电子屏幕上实时播放着活动预告消息及提示。

常设展厅面积3100平方米，主要分为“基础科学”“科技乐园”“生态生命”“蓝色家园”4个展区，共计116件（套）可参与互动的高科技展品，展项完好率始终保持在95%以上。

基础科学展区演示数理化等基础科学的知识与原理；科技乐园展区主要为5~12岁的孩子设计，宝船、互动机器人等互动项目尤为孩子们喜爱；生态生命展区则侧重普及生态保护、生命科学知识；蓝色家园展区展示了各种海洋生物，以及威海科技进步的重大成果。

3. 地址与联系方式等信息

地　　址：山东省威海市威海文化艺术中心2层

官　　网：http://whkjg.weihaishikexie.cn

服务热线：0631-5279769

开馆时间：周三至周日

威海市科学技术馆
官方微信公众号

（八）泰安市科技馆

1. 简介

泰安市科技馆始建于1980年，为全国建立最早的六大科技馆之一。现馆位于泰安市东岳大街，1996年投入使用，占地3.33万平方米，建筑面积0.87万平方米，先后被评为“全国科技馆科普展览教育工作示范点”“山东省科普教育基地”“山东省关心下一代科普教育基地”等，2016年对外免费开放。

2. 主要展项或展区

泰安市科技馆设常设展览、临时展览、5D影院和流动科技馆。常设展览包括“科普知识展”“泰山资源展”“航空航天知识展”3个展区和“青少年科学工作室”。常设展览常年向社会公众免费开放。临时展览主要展出科普重点、科技热点以及各类专题展览，包括“基因技术”“网络工程”“农村科技致富与高新农业技术”“反对邪教”“环保节能”“食品健康”等。展品数量200余件（套），互动展品近百件。有自制的可拆装、移动式科普展架200套，有普通和特装的国际标准展架及配套设备近300套。

泰安市科技馆以科普大篷车为载体，每年举办大规模巡展。开展科技馆进校园、送科普进校园活动，实施馆校共建工程。试点建立由中国科协、教育部资助的县级校外青少年科普活动室。开展青少年科技竞赛、创新大赛、航模竞赛、机器人竞赛、奥林匹克竞赛和科技夏（冬）令营等活动。

3. 地址与联系方式等信息

泰安市科技馆
官方微信公众号

地　　址：山东省泰安市东岳大街 481－1 号

官　　网：http://www.takjg.com

服务热线：0538－8413782

开馆时间：周三至周日

（九）滨州市科技馆

1. 简介

滨州市科技馆地处山东省滨州市新立河西路与黄河十二路交叉口以西，位于山东省滨州市奥林匹克公园的核心区域，是面向社会公众开展科普展览、科技培训、青少年科技创新竞赛等活动的科普场所。

滨州市科技馆建筑面积 0.83 万平方米，采用框剪与钢结构相结合的结构形式，建筑整体呈碟形，外观部分使用弧形钛合金金属幕墙，2017 年元旦正式开馆向社会公众免费开放。

2. 主要展项或展区

滨州市科技馆主体建筑为 4 层：1 层为儿童科技乐园、4D 动感影院和多功能厅；2 层为序厅；3 层为探索与发现展厅；4 层为科技与生活展厅。主要展厅展项介绍如下。

（1）序厅。位于科技馆 2 层，面积为 795 平方米，挑空高度为 17.4 米，包括标志性展项和机器人展区。主要展品、展项有“标志性展项”“机械墙”“机器人大舞台”“画像机器人”“售货机器人”“科普讲堂”6项。标志性展项以透明LED显示屏为主体，能够实现虚拟互动、视频播放、笑脸采集、关联科技馆微信公众平台等功能，在实现视觉效果与科普功能同时，也为序厅营造出具有强烈科技馆特色的环境氛围。

（2）儿童科技乐园。位于科技馆1层，面积450平方米，分为“自然探秘”“欢乐城堡”“戏水乐园”3个主展区，展品25项。儿童科技乐园展厅的服务对象是3~8岁的儿童，展品巧妙地将声、光、电、气、水、色等元素组合，采用参观体验、游戏互动等形式，让儿童在轻松快乐中体验探索科学的奥秘，培养对科学的热爱。

（3）探索与发现展厅。位于科技馆3层，面积1431平方米，分为“电磁世界舱”“声光乐园舱”“力与机械舱”“生命科学舱”4个主题展区，展品83项。该展厅围绕基础科学的规律和性质，通过互动体验，激发观众对科学知识的热爱、对科学真相的探索。

（4）科技与生活展厅。位于科技馆4层，面积为807平方米，包括“前沿科技舱”“虚拟世界舱”“趣味数学舱”3个主题展区和数字科技馆，展品38项。该展厅以互动性、参与性展项为主，展示当代高新技术的应用，阐述科技发展进步与生活的关系，引发观众对人类未来的畅想，体现科技与生活互相依存、和谐发展。

（5）4D动感影院。位于科技馆1层，建筑面积200平方米，有48个座位。影片采用4K高清放映技术，引入震动、坠落、吹风、喷水等特技。还根据影片的情景设计出烟雾、雨、光电、气泡等效果，形成了一种独特的体验。

滨州市科技馆还组织和举办各种展教活动和科普活动，如青少年科技创新大赛、机器人大赛、科普报告百校行等活动。

3. 地址与联系方式等信息

地　　址：山东省滨州市黄河十二路 826 号

官　　网：http://www.bzskjg.com

服务热线：0543-3160576

开馆时间：周三至周日

滨州市科技馆
官方微信公众号

（十）聊城市科技馆

1. 简介

聊城市科技馆位于山东省聊城市市民文化活动中心 4 层，建筑面积 0.71 万平方米。科技馆的主要职能有：举办常设和临时科普展览，组织面向公众的各种类型的科技培训、辅导，举办面向青少年和公众的科学实验和竞赛，组织各种科普类型的报告、讲座、影视等教育活动。聊城市科技馆 2019 年对外免费开放。

2. 主要展项或展区

聊城市科技馆展厅面积约 5000 平方米，设有“科学巨匠展示墙”“光影魅力”“神奇的力”“磁电奥秘”“科普讲堂”5 大展区。展品、展项 95 件（套），包括“光的路径”“透光宝镜”“椭圆齿轮传动”“魔球”等，通过机械、多媒体、声、光、电、磁等手段，以及公众参与体验、互动等形式，展示科学原理，激发公众的科学兴趣。

3. 地址与联系方式等信息

聊城市科技馆
官方微信公众号

地　　址：山东省聊城市东昌府区东昌东路

咨询热线：18596355577

开馆时间：周三至周日

十六、河 南 省

（一）郑州科学技术馆

1. 简介

郑州科学技术馆位于河南省郑州市嵩山南路，1998 年 2 月开工建设，2000 年 4 月正式开放。郑州科学技术馆是郑州市政府投资兴建的公益性科普设施，占地面积 0.74 万平方米，建筑面积 0.84 万平方米，2015 年对外免费开放。

科技馆外观造型新颖独特，主体建筑顶部是 4 个风帆造型，象征科技发展如长江后浪推前浪，不断前进；主体建筑北侧为圆锥形建筑，寓意现代科技如雨后春笋，蒸蒸日上。

2. 主要展项或展区

郑州科学技术馆展厅面积约 5300 平方米，包括“天地自然”“分形艺术”“机器人”“磁电”“声学”“光学”“力学”“数学”“机械”“趣味科学园”“虚拟”“电脑天地”“交通航天”“动手”“生命”“测试”16 个展区和 1 个 4D 影院。有各类展品、展项 270 余件（套），涉及多种门类的基础学科及应用技术学科。

近年来，科技馆先后对4D影院、原电视展区、原通信展区、光学展区、动手园区等进行了改造，改善了参观环境，丰富了展教内容，提升了展教功能，提高了常设展览整体水平和质量。

科技馆还定期举办临时展览和开展各种科普活动，作为常设展览的有效补充和延伸。科技馆开展的科普活动主要有：科技馆活动进校园、科普报告会、科普表演剧、魅力科学课堂、希望之星夏令营、快乐科技夏令营、科学课设计、动手做活动、科普大篷车下乡巡展等。

3. 地址与联系方式等信息

地　　址：河南省郑州市嵩山南路32号

官　　网：http://www.zzkjg.com

咨询热线：0371-67970900

开馆时间：周三至周日

郑州科学技术馆
官方微信公众号

（二）洛阳市科学技术馆

1. 简介

洛阳市科学技术馆由原洛阳市科工贸中心改建而成，位于河南省洛阳市涧西区南昌路。该馆占地0.93万平方米，建筑面积1.07万平方米，于2011年6月正式面向公众开放，2015年对外免费开放。

2. 主要展项或展区

洛阳市科学技术馆设置常设展区和专题展区，展厅面积6300平方米，展览内容涉及自然科学、信息科学、环境科学等学科领域。全馆共分3层，展品、展项175件（套），主要布展在1层、2层。其中，1层北厅为“科学趣味园”，1层南厅为“科学探索园”；2层北厅为“生命科学展区”，2层南厅为“机器人及综合展区”。

洛阳市科学技术馆先后承担了中国科技馆流动展品的巡展任务，涉及“科学养生应对慢性病”“科技与网球”“身边的水资源”“汽车与安全”“海洋家园”“运动科学”等内容。

3. 地址与联系方式等信息

地　　址：河南省洛阳市涧西区南昌路2号

官　　网：http://www.lyskxjsg.com

咨询热线：0379-60629600

开馆时间：周三至周日

洛阳市科学技术馆
官方微信公众号

（三）焦作市科技馆

1. 简介

焦作市科技馆位于河南省焦作市丰收路与长恩路交叉口，龙源湖公园东北角，建筑面积0.9万平方米。2012年9月，焦作市科技馆建成开馆，2015年对外免费开放。焦作市科技馆的主要功能定位是：公众科学素质教育基地、培训基地、旅游休闲中心、科学历史展示中心。

2. 主要展项或展区

焦作市科技馆布展面积约 4500 平方米，常设“儿童科技乐园”“生命科学和材料能源”“探索创新”“天地万象”“科学启迪”5 个主题展区，展品、展项约 120 件（套）。另设临时展厅、科普报告厅、4D 影院等。特设了“虚拟太极拳”“轻轨遨游云台山”“煤的故事”“四大怀药”等体现焦作经济文化特色的展品。展览教育主要方式包括动态操作、多媒体演示，以及实物、模型、图片展示等。其中，动态操作、观众参与的展项达到 90%，公众特别是广大青少年可以通过动态操作和参与直观感受和亲身体验科学。

主要展区及展品介绍如下。

（1）儿童科技乐园展区。设置展品、展项 19 件（套），包括“迎宾机器人”“戏水天地”“挖掘机”“动手园区”等展项。展览以儿童易于理解的方式，采用游戏互动参与为主的多样化展教形式，营造轻松、快乐的学习情境，让儿童在展览和游戏中体验探究的乐趣，激发好奇心，培养对科学的热爱。

（2）生命科学和材料能源展区。设置展品、展项 31 件（套），包括“煤的故事”“倾斜小屋”“时光隧道”“生育与健康”“风能”等展项，主要展示新材料、新能源和生命科学知识，启发观众热爱生命、关注生命，帮助公众了解使用新材料、新能源。

（3）探索创新展区。设置展品、展项 7 件（套），包括“虚拟太极拳”“认识四大怀药”“轻轨遨游云台山”“掰手腕机器人”“汽车模拟驾驶”“虚拟踢足球”等展项。通过展示虚拟技术、机器人等新产品、新技术，启发观众的创新思维和创新意识。

（4）天地万象展区。设置展品、展项 7 件（套），包括“磁悬浮地月演示仪”“月球弹跳”“地震防范与自救”等展项。观众通过对展项的参与，了解人类对宇宙、地球、大自然的探索和发现，普及有关科学知识。

（5）**科学启迪展区**。设置展品、展项56件（套），包括“滚球”“电磁舞台”“机械机构”“全息音响”“光学迷宫”“数字游戏”等。观众通过对展项的参与，了解力学、电磁学、数学、机械、声学、化学、光学等知识，激发科学兴趣。

3. 地址与联系方式等信息

地　　址：河南省焦作市丰收路与长恩路交叉口东南角

官　　网：http://www.jzskjg.org.cn

咨询热线：0391−3385285

开馆时间：周三至周日

焦作市科技馆
官方微信公众号

（四）许昌市科技馆

1. 简介

许昌市科技馆位于河南省许昌市规划的城市中轴线第二节点“科技之星”处，即科技广场正北侧，是许昌市重要的公益设施。主要功能有科普展教、科技交流、科技实践活动、科普影视娱乐等。科技馆建筑面积为1.2万平方米，2019年对外免费开放。

2. 主要展项或展区

许昌市科技馆布展面积约7500平方米，有“科技启蒙”“探索与创造”“宇宙与生命”3个主展区、12个分展区和1个4D影院，展品、展项287件（套）。整体布展主题是“理解科学、感恩自然、敬畏生命”。

（1）**“科技启蒙”展区**。位于该馆1层，展示面积约3150平方米，展品

83件（套）。主要设置“序厅”“儿童科学乐园”“临时展厅”。儿童展厅的主要对象是4岁以上儿童，设置有“我在长大”“美味阳光”“蜡笔森林”3个区域，让孩子们进入一个探索发现各种奇妙科学现象的世界，通过感、触、觉、游戏等让孩子认识自己，了解自己如何成长，在游戏过程中学会分享，培养孩子交流的能力，激发他们对科学的兴趣。

（2）“探索与创造”展区。位于该馆2层，展示面积约2350平方米，展品110件（套）。设有“声光”“电磁”“力与机械”“数学”“智能天地”5个展区和1个梦幻剧场。各种体验科学知识的互动展品散布于展厅之中，构成一片“知识”的海洋。呈现了人类对自然现象的探索过程，揭示了声与光、电与磁、力与机械，以及数学的规律和本质，展示这些现象和原理在我们生活中的应用。其中，智能天地展区通过智能家居、智能电网、智能企业等展示信息化对生产生活的影响，以及人类如何通过科技改变着生活，联系许昌的地方资源和特色以及在科技发展的诸多方面，开启展望未来的窗口。梦幻剧场利用真人演员和全息影像相结合的呈现方式表演的舞台剧，具有奇特的视觉震撼感。

（3）“宇宙与生命”展区。位于该馆3层，展示面积约2000平方米，展品82件（套）。分为“宇宙展区”“地球气象展区”“生命展区”“科学实验室”4个部分。公众可选择宇宙、地球、生命这种空间由大到小的参观顺序。该展厅通过串联有机的生命和无机的物质，展示浩瀚宇宙的奥妙、地球气象的万千变化、生命的神奇等，呼吁公众保护环境，爱护地球。科学实验室是以上课的形式成为小朋友做实验的一个小课堂，小朋友可以在玩中学到知识，了解科学的奥秘。

（4）4D影院。位于该馆1层，能同时容纳60人进场观看，每部片源播放时间在20分钟左右。在满足观众听觉、3D视觉的基础上，还根据影片的情景设计出烟雾、气泡、风、雨、雪等效果，形成了一种独特的体验。还根据片源增加了触觉，如位移、潮湿等感受，丰富观看效果。

3. 地址与联系方式等信息

许昌市科技馆
官方微信公众号

地　　址：河南省许昌市魏都区天宝路科技广场正北侧

官　　网：http://xcskjg.xcskx.net.cn/

咨询热线：0374−2678656

开馆时间：周三至周日

（五）南阳市科学技术馆

1. 简介

南阳市科学技术馆（老馆）建于 1987 年，位于河南省南阳市中心城区工业路 59 号，馆名由中国科协原名誉主席、著名科学家茅以升于 1988 年 8 月亲笔题写。

南阳市科学技术馆（新馆）位于范蠡东路南阳市民服务中心中区 5 号楼，建筑面积为 1.05 万平方米。南阳科技馆是集展示宣传、科普教育、文化休闲于一体的综合性科普场馆，2017 年对外免费开放。

2. 主要展项或展区

南阳市科学技术馆布展面积约 5400 平方米，分为序厅、儿童科学乐园、探索与发现、科技与生活等展厅，按 3 层布展，展品、展项总计 169 件（套）。

主要展厅展项介绍如下。

（1）儿童科学乐园。位于科技馆 1 层，该展厅有展品、展项 50 件（套），布展面积643平方米。分为“欢乐戏水湾”“勇闯竞技岛”“安全训练营”等展区。主要展品、展项有“爬来爬去”“气流投篮”“倾斜小屋”“小屋变色”“虚拟滑雪”“森林乐园”“汽车模拟驾驶”“清理航道”“时光隧道”等。儿童对鲜艳色彩有着很强的辨认能力，展厅的设计也遵循儿童对色彩的认知规律，采用鲜亮的颜色以吸引他们的注意。

（2）探索与发现展厅。位于科技馆2层，有展品、展项72件（套），布展面积为1325平方米，附属厅面积540平方米。分为“数学魅力”“力与机械”“声光体验”等展区。主要展品、展项有“角动量守恒”“三维滚环”“切开几何体”“陀螺仪转椅”“偏光迷宫”“光乐队”“镜子世界”“滑翔伞飞行”“双曲狭缝”“莫比乌斯带”等。展厅吊装错觉画，屏蔽网线，丰富视觉元素。

（3）科技与生活展厅。位于科技馆3层，有展品、展项44件（套），布展面积为1180平方米。分为“生命与健康”“电磁奥秘”“机器人”“地方元素”等展区。主要展品、展项有“基因与遗传”“生命的孕育与诞生”“疾病与预防”“电磁秋千”“铁粒艺术”“电磁大舞台”“磁悬浮地球”“3D打印”“机器人表演”“南阳科技”等。“科技与生活”创造的是绿色未来。

在开展展览教育的同时，组织科普大篷车进校园、进社区活动，举办南阳市青少年科技创新大赛、青少年机器人竞赛、青少年高校科学营、智力七巧板竞赛等活动。

3. 地址与联系方式等信息

地　　址：河南省南阳市范蠡东路1666号南阳市民服务中心中区5号楼

官　　网：http://www.nykjg.com

咨询热线：0377-63131553

开馆时间：周三至周日

南阳市科学技术馆
官方微信公众号

（六）永城市科学技术馆

1. 简介

永城市科学技术馆坐落在河南省永城市建设路，建筑面积1.2万平方米，投资额2600万元。永城市科学技术馆以“科技、和谐”为理念，集科技与游乐为一体，成为公众科学素养教育基地、科技信息交流平台和旅游休闲娱乐中心，2015年对外免费开放。

2. 主要展项或展区

永城市科学技术馆以“从宇宙演化中来，到太空探索中去”为展示路线。用科技历史发展事实，展示科学理念的进步、技术实现的力量和人类思维的升华。科技馆展厅面积6000平方米，展品、展项约180件（套），分4层布展。

1层是“地球生命”展厅，该展厅以高新科技打造沉浸式体验，感受科技的魅力。

2层是“科技文明”展厅，以互动游戏和经典科技展品展现，突出娱乐和科技的结合。

3层是“儿童乐园”展厅，以动手、动脑的娱乐展项，打造亲子乐园快乐天地。

4层是“航空航天”展厅，以航天科技和机器人技术展现、展示我国高尖端科技的成果。

3. 地址等信息

地　　址：河南省永城市建设路

开馆时间：周三至周日

本书出版时该馆暂未开通官方微信公众号

（七）济源市科技馆

1. 简介

济源市科技馆是济源市政府投资建设的公益性科普教育场馆，于2008年8月开工建设，2010年5月建成开馆，建筑面积0.6万平方米。济源市科技馆为公众特别是青少年提供了一个学习、普及科技知识、增长见识、开拓智力的理想场所，2015年对外免费开放。

2. 主要展项或展区

济源市科技馆展厅面积约4000平方米，设有6大展区，分别是“济源特色”“儿童科技乐园”“人类智慧”“健康与生活”“能源与环境”“宇宙探索”，展品、展项120件（套），涵盖了数学、物理、天文、地理、生物等学科。大部分展品具有可操作性，直观形象地为公众展示科学技术的成果。儿童在这里体验科学乐趣，中小学生在这里探索科学奥秘，成年人在这里感受科学魅力。

展区按主体建筑3层分布。

1层包括“济源特色”和“儿童科技乐园”2个展区，以“儿童·科技·自然”为主题布展。“济源特色”展区展示了济源煤、铅、盐化工等主导产品的生产原理、工艺流程和科技含量；“儿童科技乐园”针对儿童进行科普启蒙教育，具有很强的操作性、趣味性，寓教于乐，孩子们可以在游戏中体验科学的乐趣，在玩中提高认知能力，增长实践知识。

2层是“人类智慧”展区，以“人类智慧”为主题布展。“电磁王国”“力学机械”“声光乐园”“数学天地”4个展厅以大量的互动展品为主要展示手段，演示物理学、数学、化学、光学等学科的典型现象，揭示其基本规律、基本原理，参观者通过动手操作，加深对科学的理解，感悟科学的力量。

3层包括“健康与生活”“能源与环境”“宇宙探索”3个展区，以“科技与生活”为主题布展。“健康与生活”展区运用声、光、电技术，揭示生命的起源、人体的奥秘，通过对身体机能与健康问题的了解，正确理解健康，帮助人们学习合理膳食、适量运动、心理舒适，沿着健康之路去寻觅美好的生活和幸福人生。“能源与环境”展区重点展示生态环境的破坏与污染等问题，使参观者感受到人类与地球的依存关系，直面全球环境恶化的严峻挑战，反映未来经济、高效、清洁利用能源和新型能源开发技术的发展。“宇宙探索”展区通过磁悬浮地球仪、三球仪、仰望星空、数码球、八大行星秤等展品的形象展示，让观众在参与、游览的过程中进一步了解宇宙、了解太阳系、了解我们生活的地球。

3. 地址与联系方式等信息

地　　址：河南省济源市沁园路与黄河大道交叉口

官　　网：http://www.jykjg.com

咨询热线：0391-6833095

开馆时间：周三至周日

济源市科技馆
官方微信公众号

十七、湖 北 省

（一）武汉科学技术馆

1. 简介

武汉科学技术馆于1990年3月建成开放，2006年改扩建后重新对外开放。2015年12月武汉科学技术馆新馆建成开馆，2016年对外免费开放。武汉科学技术馆新馆大楼由原武汉客运港改造而成，坐落于武汉市江岸区沿江大道，总建筑面积3.4万平方米，是一座集多功能、综合性、智能化于一体的大型科普教育活动场所。

武汉科学技术馆是国家AAAA级旅游景区、“全国科普教育基地”和武汉市“青少年科技教育基地”“学生校外教育基地”“爱国主义教育基地”。

2. 主要展项或展区

武汉科学技术馆新馆展厅面积1.9万平方米，设有“宇宙展厅”“水展厅”“光展厅”“生命展厅”“信息展厅”“交通展厅”“数学展厅”“儿童展厅”等。还联合有关单位打造了室外“舰船世界”展区。展品、展项约600件（套）。其中，创新展品占40%以上，还有从国外采购的一批经典展品。

主要特色展厅介绍如下。

（1）宇宙展厅。该展厅借用楚国大诗人屈原的“天问”为题，试图以有限的空间和展示内容，引发观众们探索宇宙奥秘的兴趣。

“宇宙展厅”分 5 个展区：第 1 展区“仰望星空”，主要讲述古代先贤们用肉眼观测日月星辰所取得的令人惊叹的天文学成就。第 2 展区“太阳系”，主要展示太阳系的结构和人类研究太阳系的历程。第 3 展区“银河系及河外星系”，主要展示现代宇宙学研究成果，讲述“河外星系”的发现经过，通过 WWT 软件，还可在展厅内观察太空中许多星辰的真实景象。第 4 展区“宇宙学前沿问题”，讲述当代科学家探测研究宇宙的主要课题，展示当代航天科技发展的成果。第 5 展区“珍爱地球”，主要是通过大型展项“互动星球”和“360° 大型环幕影片”，向观众展示地球的外部环境和内部构造。

（2）水展厅。水展厅是武汉科学技术馆独一无二的特色展厅，它分为室内和室外两部分，按照从宏观到微观、从科学到生活的脉络对“水”的科学知识和与“水”相关的人文、历史知识进行阐释。

“水展厅”按展示主题分为“序厅”“水圈”“水科学”“水与文明”“水之美”5 个分展区，有 80 余件（套）展品。

（3）光展厅。以“观察光的现象，探索光的本质，应用光学技术，突出光谷特色，展望光学未来”为展示脉络，分为“光的神奇”“光的探索”“光的应用”“光科技的展望”4 个分展区，展品 74 件（套）。

通过科学性、知识性、趣味性相结合的展示内容和参与互动的展示形式，展现绚丽的光学现象，由浅入深地讲述光学原理和光学技术应用与创新，揭示光与人类生活的紧密联系以及重大影响。同时，重点展示了武汉的科技特色——中国光谷光电子产业。

3. 地址与联系方式等信息

地　　址：湖北省武汉市江岸区沿江大道 91 号（江汉关大楼附近）

官　　网：http://www.whstm.org.cn

咨询热线：027-50755500

开馆时间：周三至周日

武汉科学技术馆
官方微信公众号

（二）黄石市科学技术馆

1. 简介

黄石市科学技术馆成立于 1987 年，2003 年原馆拆除，2008 年投资建设新馆，于 2010 年 8 月竣工。时任中国科协主席、十一届全国人大常委会副委员长韩启德为新馆题写馆名“黄石市科学技术馆”。2013 年 4 月常设展厅对外试展，2015 年对外免费开放。

黄石市科学技术馆位于湖北省黄石市人民广场的东南方，坐落于黄石市磁湖西岸的南湖嘴岸边，与市图书馆、博物馆、体育馆毗邻，形成了市民休闲的“文化半岛”。该馆占地约 2 万平方米，建筑面积 1 万多平方米，建筑高度为 23.6 米，投资 4000 多万元。建筑外形如同一艘停泊在磁湖西北岸的科技之舟，正待扬帆启航。

2. 主要展项或展区

黄石市科学技术馆展厅面积 6818 平方米，地上共 4 层，1 层、2 层、3 层为常设展厅，展教装备建设投入2000万元。目前，对外开放的1层、2层有“儿童科学乐园”“科学与生活”“生命与健康”3个展厅14个展区，配设展品、展项141项257件（套），其中创新展项70件（套）。85%以上的展品均可由观众动手操作，科学性、趣味性、艺术性和参与性相结合，兼顾了各年龄层观众的需求。

科技馆1层主要是儿童科学乐园，还有序厅和临时展厅。儿童科学乐园展厅分为“自然乐园”“认知乐园”“动手乐园”“戏水乐园”等展区。

科技馆2层设有“生命与健康”“科学与生活”2个展厅。生命与健康展厅分为“认识生命”“身体测试”“健康生活”“青春期知识”展区；科学与生活展厅分为“机器人”“宇宙”“力与机械”“数学”“声与光”“电与磁”展区。

3. 地址与联系方式等信息

地　　址：湖北省黄石市下陆区团城山广会路13号

官　　网：http://www.hsskjg.com

咨询热线：0714-6392272/6396818

开馆时间：周三至周日

黄石市科学技术馆
官方微信公众号

（三）十堰市科学技术馆

1. 简介

十堰市科学技术馆位于湖北省十堰市人民广场东侧，建筑面积0.5万平方米。是面向公众开展科普展览、科技培训等科普活动的科普宣传教育机构。十堰市科学技术馆1998年5月对外开放，2005年开始创建区域科普展教中心，

2006年配置了一批新的科普展品，2015年对外免费开放。

2. 主要展项或展区

十堰市科学技术馆展厅面积1100平方米，常设展厅2个，展品、展项50余件（套）。展品涵盖机械、微电子技术、信息通信、基础科学及中国古代科学技术等领域。

3. 地址等信息

地　　址：湖北省十堰市朝阳北路6号

开馆时间：周三至周日

本书出版时该馆暂未开通官方微信公众号

（四）荆州市科学技术馆

1. 简介

荆州市科学技术馆（原沙市科技馆）成立于1984年，由著名科学家、中国科协原主席周光召亲笔题写馆名，是全国首批对外免费开放的科技馆之一。该馆占地面积约1.8万平方米，建筑面积1.2万平方米，坐落于风景秀丽的荆州市沙市区江津湖畔，地处湖北江汉平原中心，是荆州市政治、经济、科技文化中心地带，2015年对外免费开放。

荆州市科学技术馆以建设实体科技馆、流动科技馆、科普大篷车和科普信息化为工作目标，以开展阵地科普、流动科普、科技活动、科学素质培训、科普宣传为抓手，普及科学知识，弘扬科学精神，促进荆州市文明建设。

2. 主要展项或展区

荆州市科学技术馆常设展厅面积3000平方米，设有序厅、基础科学展厅、生命科学展厅、光影展厅、科学体验展厅，展品、展项100余件（套）。

3. 地址与联系方式等信息

荆州市科学技术馆
官方微信公众号

地　　址：湖北省荆州市沙市区江津路253号
官　　网：http://www.jzskjg.com.cn
咨询热线：0716-8254051
开馆时间：周三至周日

（五）襄阳市科技馆

1. 简介

襄阳市科技馆始建于1981年，占地约1.8万平方米。2003年8月，科技馆对原有场馆进行了大规模改造和装饰。襄阳市科技馆围绕其职能，积极开展科普展教活动，被襄阳市政府及有关部门命名为“科普教育基地”“国防教育基地”“禁毒教育基地”“消防教育基地”“关心下一代工作基地”，2015年对外免费开放。

2013年6月，襄阳市科技馆新馆建设项目正式破土动工，新馆项目位于东津新区起步区，总规划用地面积4.78万平方米，总建筑面积3.53万平方米，布展面积约2万平方米。新馆建筑外形设计采用“探索之眼”的创意，集中体现“启迪智慧、创意探索”的建馆理念。从空中俯瞰，建成后的新馆就像一只望向天空、宇宙，充满求知渴望的眼睛。

2. 主要展项或展区

襄阳市科技馆设有常设展厅、临时展厅和4D科普影院等。常设展厅分设“声、光、电”“航空航天”“汽车模拟”等展区，配置了现代高科技展品近百件，具有科学性、知识性、趣味性和参与性。展示内容涉及自然、声学、光学、电磁学、力学、航空航天等。

常设展厅主要展品、展项有：“磁力转盘”“蛇形摆”“节能灯”“锁的工作原理”“视域检测”“天文知识库”“传声筒”“体感游戏”“梦回神州”“平衡测试”“手眼协调”“心跳击鼓”“光栅动画”“勾股定理”“数学游戏”“错觉画”“光学转盘”“静电碰碰球”“哈哈镜”“辉光球”“磁悬浮灯泡”“万丈深渊”“小球旅行记”“无形的力”“身体质量指标”“眼手挑战”“重力井”“VR鹅蛋太空舱”“北斗（导航）”“人造地球卫星”“宇航服”“飞机发展史”“飞机驾驶”“涡轮发动机”“八大行星模型”“数字天文演示仪”等。

3. 地址与联系方式等信息

地　　址：湖北省襄阳市樊城区新华路21号

官　　网：http://www.xykjg.cn

咨询热线：0710-3225931

开馆时间：周三至周日

襄阳市科技馆
官方微信公众号

（六）荆门市科技馆

1. 简介

荆门市科技馆成立于2000年6月，位于湖北省荆门市东宝区金龙泉大道，占地面积约3.4万平方米，建筑面积1.7万平方米。荆门市科技馆通过常设展览、青少年科学工作室体验、科技馆活动进校园、巡展、主题展等形式，开展丰富多彩的科普展教活动，是全国“科技馆活动进校园”示范推广单位、湖北省区域性科普展教中心、荆门市青少年校外科技活动基地，2015年对外免费开放。

2. 主要展项或展区

荆门市科技馆展厅面积4500平方米。常设展厅有展品、展项80余件（套），还有由中国科协统一设计的科普大篷车展品25件，由中国科技馆设计的流动科技馆展品40余件。展品涉及机械、力学、数学、电学、光学、声学、电磁学、生命学等学科和机器人等科学技术，融科学性、知识性、互动性、趣味性于一体。荆门市科技馆设有科学展教中心、青少年科技活动中心和科普培训中心。

科学展教中心设有5个展区：“航空航天展区”“数学展区”“科学探秘展区”“中国科技馆捐赠展区”和临时展区，有展品、展项65件（套）。经典展品有：“哥尼斯堡七桥”“方轮车”“钟摆的旋律”“混沌水车”“最速降线”“大炮烟圈”“流态万千”“上升的气泡”“微型风洞”“流球”“平面四连杆”“陀螺仪”“拓普游戏”等。

青少年科技活动中心有常设展厅，展品、展项19件（套），涉及机器人、电、磁、光等科学技术。经典展品有："磁悬浮地球""自己拉自己""跳舞机器人""虹吸""凹凸头像""无弦琴""无皮鼓""动漫配音""铁粒的艺术""磁力连锁反应"等。

3. 地址与联系方式等信息

地　　址：湖北省荆门市东宝区金龙泉大道42号

官　　网：http://www.jmskjg.org.cn

咨询热线：0724-2388050

开馆时间：周三至周日

荆门市科技馆
官方微信公众号

（七）黄冈市科技馆

1. 简介

黄冈市科技馆位于湖北省黄冈市新港大道，占地面积0.75万平方米，建筑面积0.75万平方米，于2009年9月正式对外开放。2015年科技馆争取科技专项经费270万元，购置了50多件展品并重新布展，2016年该馆对外免费开放。

黄冈市科技馆以"体验科学，启迪创新，服务公众，提升素养"为宗旨，以科普展览为核心，集多学科、多形式的科普教育、科普活动及实践于一体。其主要工作包括：开展以观摩演示、动手操作等形式的科普展教活动，举办各类科技知识、科技成果展览，举办其他有利于提高公众思想道德、文化科学素质的展教活动，开展各类技术培训和继续教育活动，开展青少年科技创新、科技文化活动，组织或举办各类科技咨询、技术交流、信息服务活动。

2. 主要展项或展区

黄冈市科技馆展厅面积 3500 平方米，设有“综合特色展区”“科技名人堂展区”“声光电磁展区”“天文 VR 展区”“生命科学展区”“矿物化石展区”等常设展区，有展品、展项 100 余件（套）。还设有青少年活动与实践工作室和科普讲堂等。

3. 地址与联系方式等信息

地　　址：湖北省黄冈市新港大道 150 号

官　　网：http://www.hgskjg.com

咨询热线：0713–8821791

开馆时间：周三至周日

黄冈市科技馆
官方微信公众号

十八、湖 南 省

（一）湖南省科学技术馆

1. 简介

湖南省科学技术馆位于湖南省政府新址对面文化公园旁，占地 12.4 万平方米，建筑面积 2.81 万平方米，总投资 3 亿多元。湖南省科学技术馆是政府和社会开展科学普及工作和活动的公益性基础设施，于 2011 年 6 月正式向公众开放，2015 年对外免费开放。

2. 主要展项或展区

湖南省科学技术馆展厅面积 1.26 万平方米。主要功能包括四大部分：科普展览（包括常设展览和短期展览），科普报告、讲座和培训教育，科学实验教育，特效影视（包括内径 18 米的球幕科教电影和 4D 立体动感科教电影）。其中，常设展览是科技馆最基本、最主要的教育方式，设有“制造天地”“材料空间”“能源世界”“信息港湾”“地球家园”“生命体验”“数理启迪”“太空探索”“儿童科学乐园”9 个展区，内容涉及制造、能源、材料、信息、环境、数学、物理、生命、天文等领域，有展品、展项约 500 件（套）。

特色展品、展项介绍如下。

（1）三湘院士墙。通过对35位在湘院士浮雕像及事迹的展示，引导公众学习他们热爱祖国、献身科技、奋力攀登、敢为人先的精神。

（2）黄伯云和“碳/碳合金飞机刹车片”。碳/碳（C/C）复合材料，即碳纤维增强碳基体复合材料，它以碳纤维作增强体，以碳质材料为基体，化学组成为单一的碳元素。由于它兼有碳材料和纤维增强复合材料的优势，从而具有密度小、比模量高、比强度大、热膨胀系数低、耐高温、耐热冲击、耐腐蚀、摩擦磨损性能好等一系列优异性能，已广泛应用于航空、航天、核能、化工、机械等领域。

观众通过驾驶舱窗口位置上的两台液晶电视，观看多媒体影片，了解黄伯云的先进事迹，以及他的团队发明的“碳/碳合金飞机刹车片”，并通过实物模型对比“碳/碳合金飞机刹车片”与普通材料飞机刹车片，更加形象地了解“碳/碳合金飞机刹车片”的优势。

（3）八百里洞庭。洞庭湖古代曾号称“八百里洞庭”，是历史上重要的战略要地，中国传统文化发源地。湖区名胜繁多，以岳阳楼为代表的历史胜迹是重要的旅游文化资源。洞庭湖流域也是中国传统农业发祥地，是著名的鱼米之乡，是湖南省乃至全国最重要的商品粮油基地、水产和养殖基地。该特色展区向观众展示洞庭湖湿地生态的多样性、功能价值、演化过程，增强全民对湿地资源保护与合理利用的意识。

（4）袁隆平与杂交水稻。以幻影成像的形式介绍杂交水稻的历史发展、基本原理、科技攻关的难点，并通过几个典型故事介绍袁隆平的杰出贡献和科学思想、科学方法、科学精神。

3. 地址与联系方式等信息

湖南省科学技术馆
官方微信公众号

地　　址：湖南省长沙市天心区杉木冲西路 9 号

官　　网：http://www.hnstm.org.cn

咨询热线：0731-89808523

开馆时间：周三至周日

（二）常德市科学技术馆

1. 简介

常德市科学技术馆位于湖南省常德市白马湖公园“三中心”东侧的地下 1 层至地上 4 层，按照《科学技术馆建设标准》中型馆的功能要求设计建设，建筑面积约 1.15 万平方米，使用面积约 0.7 万平方米，2010 年 8 月动工建设，2015 年 12 月正式开馆，2016 年对外免费开放。

2. 主要展项或展区

常德市科学技术馆主要通过常设展览、临时展览、科普报告和实验教育等形式，以实验教育为特色，突出科学性、知识性、互动性和趣味性。该馆展厅面积约 5600 平方米。设有常设展厅、临时展厅、青少年科技创新活动室、学术报告厅和 5D 动感影院。常设展厅分为“探索与发现”“科技与生活”“航空航天与常德科技”3 个主展厅，有展品、展项 154 件（套）。

“探索与发现”展厅位于地下 1 层，分为“儿童科学乐园”“智慧之光”“防灾减灾”3 个展区。此层还设有互动体验展品“模拟驾驶”和 5D 动感影院。

“科技与生活”展厅位于2层，分为“虚拟仿真”“健康生活”“美好家园”3个展区。

“航空航天与常德科技”展厅位于4层，分为“航空航天”“常德科技”2个展区。“航空航天”展区包括“模拟战斗机”“模拟登月飞船”等部分；“常德科技”展区主要展示常德的重大科技成果，宣传常德科技人才，包括“常德籍院士”“常德科技功臣”“常德科技之星”。

青少年科技创新活动室分为物联网实验室、机器人实验室、科技创新制作室。其中，物联网实验室和机器人实验室位于1层，科技创新制作室位于4层。实验室的主要任务是组织全市中小学生进行科学体验、科普培训、科技竞赛，培养中小学生对科学技术的兴趣，提高科技创新制作的动手能力。

3. 地址与联系方式等信息

地　　址：湖南省常德市柳叶大道3031号（白马湖文化公园内）

官　　网：http://www.cdskxjsg.com

咨询热线：0736−7256128

开馆时间：周三至周日

常德市科学技术馆官方微信公众号

（三）岳阳市科技馆

1. 简介

岳阳市科技馆于1997年建成投入使用，建筑面积0.65万平方米，2015年对外免费开放。

岳阳市科技馆以青少年群体为主要服务对象，组织开展了多种丰富多彩的科普活动，如“巴陵千名小院士孵化工程”“青少年模型竞赛”“中小学生课外文化教育培训”“科普大篷车”“青少年科技创新大赛”等。形成了馆内馆外结合、动静结合、馆校结合、学用结合的良好模式。

2. 主要展项或展区

岳阳市科技馆设有常设展览和临时性展览，展厅面积 3600 平方米。2014 年对常设展厅进行全面改造升级，改造升级后的展厅保留原有经典展品 50 多种，新增展品 42 件（套）。新增的展品更具科学性、趣味性、参与性。岳阳市科技馆举办了“恐龙展”“声光电展”“机器人外星人展”等多次临时性展览。

3. 地址与联系方式等信息

地　　址：湖南省岳阳市岳阳大道西路 298 号
官　　网：http://yyskjg.com/
服务热线：0730-8265233
开馆时间：周二至周日

岳阳市科技馆
官方微信公众号

（四）衡阳市科技馆

1. 简介

衡阳市科技馆位于湖南省衡阳市蒸湘区，建筑面积 0.45 万平方米，展厅面积 0.34 万平方米，2017 年对外免费开放。

2. 主要展项或展区

衡阳市科技馆集青少年活动中心、科普展览、科技咨询、科技培训、学术交流等功能于一体。设有创客空间、激光雕刻技术、VR 互动体验、智慧城市及无人机体验等展示模块。

举办科技馆活动进校园、科普表演剧、科普活动下乡巡展、魅力科普课堂等各类科普活动。

3. 地址与联系方式等信息

地　　址：湖南省衡阳市蒸湘区迎宾路 7 号

咨询热线：13789366070

开馆时间：周三至周日

衡阳市科技馆
官方微信公众号

（五）邵阳市科技馆

1. 简介

邵阳市科技馆始建于 1984 年，建筑面积为 1520 平方米。2015 年对科技馆进行了改造，改造后科技馆建筑总面积为 5880 平方米，常设展厅建筑面积 4160 平方米，临时展厅建筑面积 1320 平方米，多功能厅建筑面积 400 平方米。邵阳市科技馆 2019 年对外免费开放。

2. 主要展项或展区

邵阳市科技馆设有“自然科技”“探索与发现”“航空航天科技”“科技与

生活”“未来科技”5个常设展厅，展品、展项136件（套）。展品既涉及数学、力学、声学、光学、电及电磁学等基础科学原理内容，又融合了生命科学、环境科学、航天技术、能源及信息技术等综合性学科领域知识。

3. 地址等信息

地　　址：湖南省邵阳市大祥区宝庆西路108号

开馆时间：周二至周六

本书出版时该馆暂未开通官方微信公众号

十九、广 东 省

（一）惠州科技馆

1. 简介

惠州科技馆位于广东省惠州市江北市民乐园西路，2006 年 8 月动工兴建，2008 年 4 月主体落成，占地面积 3.71 万平方米，建筑面积 1.81 万平方米，项目总投资约 1.8 亿元，由展览区、观众服务区、文化交流区、库房区、办公区组成，2015 年对外免费开放。

惠州科技馆以“探索·远航”为主题，科技馆建筑外形酷似一艘在大海上逐浪远航的巨轮，体现了市委、市政府建设“科普惠民之舟”的理念。惠州科技馆能满足科普展览、教育、培训、实践、学术交流、科技文化活动等科技传播的需求。

2. 主要展项或展区

惠州科技馆展区面积约 1.3 万平方米，功能分区主要依据各功能区的公共性和人流量由下至上逐层安排，主体建筑为 4 层。

1 层为主展区。内设序厅和 A、B 展厅，包含“经典科学展厅”“能源石化展厅”“电子信息展厅”“前沿科技展厅”“宇宙探索展厅”“地球家园展厅”“生命奥秘展厅”“启蒙科技展厅”8个专题展区，有210余件（套）声光电展品、展项。另外，两大展厅中还设有激光电影、梦幻剧场2个特色影院。

2层和4层为各类青少年科技活动与实践场所，包括“天文观测台”“科技模型活动中心”“机器人活动中心”“动漫室”“益智玩具室”“瓷绘室”。

3层为科技交流区和部分展示厅。包括“城市规划”“生态·野生动物标本”“科技成果”专题展厅及科技讲学堂、科技交流室等。

球体建筑中有四维动感影院、科技网络室、DIY摄影室、会议室等，可单独对外开放。

特色展项如下。

（1）“悬在半空的地球仪”。磁悬浮地球仪利用磁悬浮技术让地球仪浮在空中，更真实地展现地球的方方面面。惠州科技馆磁悬浮地球仪是目前全国最大的磁悬浮地球仪。

（2）“神奇之旅”。站在此展区内，低头会发现自己站到了“20多米高的空中”。展区利用光学原理，利用两块离地面仅约0.5米的镜子，创造出了神奇的空间奇迹。

（3）“小行星撞地球”。看电影、看科技书刊，你曾想破脑袋也无法想象到行星撞地球时的瞬间景象。小行星撞地球展区通过模型结合光电，真实地模拟地球遭小行星撞击的瞬间景象。

3. 地址与联系方式等信息

地　　址：广东省惠州市市民乐园西路1号

官　　网：http://www.hzstm.com.cn

服务热线：0752-2851158

开馆时间：周三至周日

惠州科技馆
官方微信公众号

（二）东莞科学馆

1. 简介

东莞科学馆位于广东省东莞市莞城区新芬路，于1994年10月落成，建筑面积1.5万平方米，2015年对外免费开放。

东莞科学馆现已成为东莞市集科普展览与教育、科技交流与合作、休闲娱乐与学习功能于一体的重要活动场所。先后被国家、广东省、东莞市授予“全国科普教育基地”“广东省《全民科学素质行动计划纲要》实施工作先进集体”“广东省科普教育基地”“广东省环保教育基地”“广东省防震减灾科普教育基地”“东莞市科普教育基地”等荣誉称号，被中国科学院国家天文台二部授予“东莞科学馆天文科普基地”荣誉称号。

2. 主要展项或展区

东莞科学馆布展面积约0.5万平方米。设有多个科普展厅和活动场所，主要展厅和设施介绍如下。

（1）常设展厅。设有“基础科学”“生命与健康”“公共安全”“益智玩具”4个专题展厅，有展品100余件（套）。

（2）地震展厅。有一个直径3米可旋转的地球仪，在地球仪上，通过LED灯的演示，让观众对全国地震带的分布一目了然。该展厅分为“地震百科”“建筑抗震”“地震来了怎么办”等8部分地震科普知识展区。

（3）天文展厅。配有“日、月、地三球仪”“天球仪”等20多件（套）天文科普展品，将天文知识与现代科技融为一体，通过声、光、电等形式将深奥、抽象的天文知识形象地展示给公众。

（4）模拟星空影院。目前是东莞市最大的模拟星空天文设施，天幕直径达 11 米。通过天象仪的不断旋转，将观众带进繁星闪烁的夜空，在瞬间感受昼夜交替、四季变迁和各种罕见的天文现象。

（5）天文台。设在科学馆顶层，拥有 KN-154 型全自动跟踪折射式天文望远镜和美国 Meade 12 寸天文望远镜，并配有计算机自动找星系统、高级数码相机、屏幕显示系统和多台小型天文望远镜。

（6）临时展厅。根据社会热点举办专题性临时科普展览，到东莞市各镇区、社区、企业、学校等进行巡展活动。

此外，东莞科学馆研发部于 2009 年自制研发了“卡通机械”系列科普展品，通过 3 个生动有趣的卡通角色（卡通老虎、卡通小丑、卡通维尼）做出不同的动作来向公众形象地展示齿轮传动、带轮转动、凸轮传动、间歇往复运动等机械结构的运用原理。为配合科学馆举办的“关爱生命之源——水”科普展览，丰富活动内容，研发部以“节能环保，活用再生资源”为思路，研发设计了“水能导电”“透水砖的应用”“节水实验”3 件展品，使观众在参观展览时更深刻地理解节约水资源的重要性。

3. 地址与联系方式等信息

地　　址：广东省东莞市莞城区新芬路 38 号

官　　网：http://www.dgkxg.com

服务热线：0752-2851158

开馆时间：周二至周日

东莞科学馆
官方微信公众号

（三）韶关市科技馆

1. 简介

韶关市科技馆位于广东省韶关市韶南大道，占地 0.3 万平方米，建筑面积 0.8 万平方米，2004 年 12 月建成开放，2015 年对外免费开放。

韶关市科技馆是“全国科普教育基地”“全国消防科普教育基地”“广东省青少年科技教育基地”“广东省科普教育基地”。

2. 主要展项或展区

韶关市科技馆展厅面积 0.5 万平方米，设有科学原理探究中心、体育科普馆、动漫设计坊、消防教育馆、趣味机械传动展示厅、3D 影视体验馆、3D 魔幻立体画展、裸眼 3D 科幻世界、中国益智玩具展览馆等展厅。主要展厅介绍如下。

（1）科学原理探究中心。科学原理探究中心是韶关市科技馆专门针对青少年而设立的场所。场馆陈列了 50 多件（套）试验展示仪器，在专业讲解员的引导下，学生们可以更直观地了解力学、电学和磁场学等方面的基础知识。

（2）体育科普馆。体育科普馆是由韶关市体育局和韶关市科学技术协会联合举办，向广大公众展示百年奥运历史和韶关体育的可喜成绩，以及现代体育模拟设备和国民体质监测器材。使公众通过展览，在积极参加体育锻炼的同时，进一步增长体育科普知识，加强体育培训，建立正常的国民体质监测机制。

（3）动漫设计坊。动漫设计坊是以多媒体网络设施为环境，以计算机为应用平台，利用科技手段帮助公众开发想象空间的开放式自助学习系统。主要功能是让参与者利用计算机上的“小小设计师”系列多媒体软件，根据个人的想象，实现自我创造。软件的美术设计形式融入了精致、美观的卡通动画风格；软件中各种动物可以根据个人的喜好自行放大、缩小或旋转；“海底世界”中的鱼类可以自由游动，水草漂浮逼真；“虚拟城市”中的各种街道与建筑可以旋转，设计不满意的地方还可以通过“定向爆破”操作炸掉重新设计。通过软件的体验，可培养公众特别是青少年对动漫设计的兴趣。

（4）消防教育馆。本馆共分6个展区，将陈列图片文字与观摩体验相结合，充分运用声、光、电等科技手段，融知识性、科普性、趣味性于一体。观众在这里可以了解用火的历史、防火的常识、消防的法律规定，以及消防部队的光辉历程，感受火灾案例，体验生死时速的紧迫，感悟防火救灾的泰山之责。

3. 地址与联系方式等信息

地　　址：广东省韶关市韶南大道中27号

数字科技馆：http://kjg.cdstm.cn

服务热线：0751-6189006

开馆时间：周三至周日

本书出版时该馆暂未开通官方微信公众号

（四）河源市科技馆

1. 简介

河源市科技馆于1998年动工建设，建筑面积0.43万平方米，2004年建成投入使用，2015年对外免费开放。

2. 主要展项或展区

河源市科技馆展区面积 0.23 万平方米，主要展厅有序厅、科学乐园、公众科学素质教育体验馆、VR 虚拟与现实体验馆等。

（1）序厅。面积约 300 平方米，包含 1 个磁悬浮地球仪、1 套机器人剧场以及 20 块科普展板。

（2）科学乐园。展厅面积约 1050 平方米，围绕“以人为本，探索科学，理解科学”的宗旨，体现“感受科技在欢乐中”的理念，利用丰富的互动手法与生动的体验形式，营造欢乐的科学探索氛围，让青少年亲手操作展品、开展科学探索活动，亲身体验科学的奇妙之处。该展厅分为“数码时代”“光影世界”“生命奥秘”“运动旋律”“数学魅力”“电磁魔幻”6 个展区，包含 58 件互动性科普展品，涉及力学、声学、光学、数学、电磁学，以及电脑软件开发等领域。

（3）公众科学素质教育体验馆。体验馆主要面向 3~12 岁的少年儿童。考虑不同年龄特点，配置小学生喜爱的快乐创意、动力机械、绿色能源等科学实验，遥控拼搭科技体验及创意机关等系列益智积木产品 138 套。此外，还有 16 件车载科普展品、20 套科普展板，以及七巧板、魔方九连环、鲁班锁、七彩棋、四星拼一星、老虎拓扑、十猫拼园等 147 件益智玩具。通过参与动手体验区，让青少年在玩中学习科学知识。这些展品和玩具既是儿童喜爱的游戏载体，又可以满足老年人的娱乐需要和亲子互动需要。

（4）VR 虚拟与现实体验馆。VR 虚拟与现实是 2017 年河源市科技馆重点引进的一项专业科普展览，是借助于计算机生成视觉、听觉、触觉等，从多方面给观众带来临场感，通过互动体验设施、多媒体互动和演示设施传播现代科技知识，强调参与性和体验性，为公众带来“超现实沉浸、多感知互动、跨时空创想”的虚拟现实体验。

3. 地址与联系方式等信息

河源市科技馆
官方微信公众号

地　　址：广东省河源市建设大道与新风路交界处

官　　网：http://hyskjg.cn

咨询热线：0762-3887016

开馆时间：周二至周日

（五）阳江市科技馆

1. 简介

阳江市科技馆位于广东省阳江市新江北路，毗邻美术馆、图书馆、群众艺术馆，建筑面积 0.5 万平方米。2008 年完成主体工程建设，2010 年 12 月正式对外开放，2017 年对外免费开放。

阳江市科技馆既是阳江市青少年科普教育基地，又是阳江科技工作者展示科技成果、举行学术交流的重要平台，满足科技展览、教育培训、实践学习、学术交流等科技文化活动需求。

2. 主要展项或展区

阳江市科技馆设有常设展厅和临时展厅，展区面积 0.4 万平方米。1 层为序厅和基础科学展厅，2 层为儿童科学展厅，3 层为清洁能源展厅，4 层为自然科学展厅。馆内有展品、展项 100 多件（套），展品融合科学性、知识性和趣味性，让观众在动手参与、亲身体验中获得科技知识。主要展厅介绍如下。

（1）基础科学展厅。以互动模型为主要展示手段，演示数学、物理、化学、声学、光学等基础学科的典型现象，揭示其基本规律、基本原理，培养参观者的动手能力，了解科学方法和科学思想，学习科学家孜孜不倦的探索精神。

主要展品、展项有：材料科学、电磁探秘、生命健康、智能家居、反应测试、小球旅行记、无线数据传输、交通安全员等。

（2）儿童科学展厅。设置了大量的互动游戏，采用参观体验、游戏互动等形式，让儿童在轻松快乐中体验探索科学的奥秘，培养对科学的热爱。

主要展品、展项有：“准确选择灭火器”“飞机模拟驾驶”“未来战士”“气流投篮”“AR 大屏”“VR 鹅蛋太空舱”“光控飞机”“激光琴”“方轮车”“魔蛋”“隐身人”“自己拉自己”“磁悬浮地球仪”等。

（3）清洁能源展厅。清洁能源，即绿色能源，是指不排放污染物、能够直接用于生产生活的能源，包括核能和可再生能源。

该展厅设有“大亚湾核电模型”“太阳能小屋”“太阳能路灯模型”“水力发电模型”“阳江核电模型”“核岛模型”“脚踏发电”等清洁能源科普展品。

（4）自然科学展厅。主要以模型结合图文形式展示气象、海洋和地震等自然现象及其科学原理，设有台风模拟、龙卷风模拟、地动仪、地震科普知识、地震演示模型、地震带和海岸线等展项。在介绍风暴、地震、海啸等自然灾害的同时结合安全科技理念，帮助参观者掌握抗灾防灾和避险知识。

3. 地址与联系方式等信息

地　　址：广东省阳江市新江北路文化艺术中心大楼B区

官　　网：http://www.yjkjg.com

咨询热线：0662-3377229/3377223

开馆时间：周三至周日

阳江市科技馆
官方微信公众号

（六）深圳市科学馆

1. 简介

深圳市科学馆于 1987 年建成，位于广东省深圳市福田区上步中路和深南中路交会处，建筑面积为 1.2 万平方米，是深圳市 20 世纪“一次创业时期”由市政府重点投资建设的“八大文化设施”之一，也是国内最早建成的科普场馆之一，2015 年对外免费开放。

2. 主要展项或展区

深圳市科学馆运用展品展览、影片播放、科技交流和科学表演等形式反映生活中的科学现象与原理，将科学性、知识性与趣味性结合起来。

深圳市科学馆常设展厅及活动面积约 0.5 万平方米。常设展厅 3 层，包括“创造展区”“探索展区”“思维展区”“引领展区”“水展区”5 个主题展区。

除了常规展览，科学馆还不定期开展专题展览，例如，“保护地球”“人与健康”专题科普展览和“保护水资源”主题巡展等。不定期专题展览会在开展前于科学馆网站和官方微博上进行展览预告，公众可以关注。

在科普活动方面，开发了科普 3D 电影、电磁大舞台、科学表演和亲子实验室等科普项目。通过生动的科学表演和科普互动剧，公众可以看见由静电所引起的“怒发冲冠”现象，可以体验炫目的“人造闪电”；通过“科普达人”的表演，将深奥的原理用形象浅易的方式表达出来，公众可以更快更全面地接收科学知识。

深圳市科学馆一直在努力创新科普方式方法，2012 年开通了新浪、腾讯的官方微博，开拓了网络科普服务的新渠道，搭建了与公众沟通的桥梁，更好地服务于公众。

3. 地址与联系方式等信息

深圳市科学馆
官方微信公众号

地　　址：广东省深圳市福田区上步中路1003号

官　　网：http://www.szstm.com

咨询热线：0755-83268442

开馆时间：周三至周日

（七）深圳市宝安科技馆

1. 简介

深圳市宝安科技馆于1999年9月正式开馆，建筑面积1.12万平方米，总投资6000多万元，2019年对外免费开放。

宝安科技馆以科普展览、学术交流、科技培训、科技服务为四大主体功能。科技馆设有科普展厅、培训中心、科技员之家、高新技术企业孵化器、学术报告厅和餐厅等。

2. 主要展项或展区

科技馆展厅面积3000多平方米，有展品、展项约160件（套）。

常设展厅位于科技馆2层，展品、展项涉及物理、数学、天文、航空、机器人等科学领域，主要有“镜子迷宫”“弹钢琴的机器人”“全息音响剧场”“虚拟现实”“大脑战争”等。展品将科学性、知识性、趣味性融为一体，让观众在互动的同时了解展品所涉及的科学原理，感受科学的魅力。

少儿科学启蒙展厅位于科技馆副楼2层，主要展品有“仿真灭火”“运动交响球”“魔方机器人”“牙齿拼装”等。展品涉及的科学原理都比较浅显易懂，主要以启蒙科学为主，更加适合低龄儿童。

3. 地址与联系方式等信息

深圳市宝安科技馆
官方微信公众号

地　　址：广东省深圳市宝安区四区龙井二路 91 号
咨询热线：0755-2788025
开馆时间：周二至周日

二十、广西壮族自治区

（一）广西壮族自治区科学技术馆

1. 简介

广西壮族自治区科学技术馆位于广西壮族自治区南宁市民族大道，地处广西壮族自治区政治、经济、文化中心区，毗邻民族广场、广西人民会堂、广西博物馆等重要公共设施。该馆占地面积 1.47 万平方米，总建筑面积 3.9 万平方米，总投资约 2.5 亿元，于 2008 年 12 月建成开馆，是国家 AAAA 级旅游景区。场馆设计为北面主楼展区和南面附属楼区。主楼分为 4 层展区，包括临时展厅和常设科普展厅；附属楼区为 8 层，包括青少年科学工作室、培训教室、办公室等。广西壮族自治区科学技术馆 2015 年对外免费开放。

科技馆建筑方案创意独特，体现了广西的地域特色、民族特色和科技内涵三大要素。在地域性上，神似广西桂林的象鼻山、阳朔的月亮山、北海的珍珠贝蚌；在民族性上，主要构图设计采用了广西铜鼓和民族服饰中最具特色和代表性的羽人图案，使建筑宛如翱翔时展开的巨大翅膀，具有民族特色和感染力；在科技内涵上，球幕影厅的球体设计，仿佛怀于凤凰母体中待产的蛋体，又如孕育新生命的珍珠贝蚌，蕴含着“科学孕育未来”和“明珠灵性育人”的寓意，特别是球体设计的流线滚动状态，使整个设计动静结合，充满灵性。

2. 主要展项或展区

广西壮族自治区科学技术馆以“探索·科技·创新”为主题，设有常设展厅、临时展厅、青少年科学工作室、高科技影院等主要展厅。展厅面积 2 万平方米。

（1）常设展厅。常设展厅面积约 1.35 万平方米，设置“启迪与探索”（主楼 2 层）、“科技与生活”（主楼 3 层）、“创新与展望”（主楼 4 层）3 大展区，包含“儿童乐园”“科学探秘”“环境生存”“生命健康”“信息世界”“挑战与创新”“未来展望”7 个分区，有展品、展项 510 件（套），主要涵盖工程技术、信息技术、生物工程等与人们社会生活、可持续发展密切相关的重要领域，同时还注重挖掘广西壮族自治区和东盟各国的地域特色、科技发展成果等资源。

（2）临时展厅。位于主楼 1 层，面积约 2400 平方米，主要举办短期的科技主题或热点专题展览。

（3）青少年科学工作室。位于场馆 6 层，总面积约 1300 平方米，面向广大青少年开展科技创新与校外教育。

（4）高科技影院。馆内设有球幕和 4D 两个特种影院。球幕影院约 250 平方米，可容纳 166 人，兼有天象节目和球幕电影双重功能，参观者在剧场内可以欣赏到全新的球幕电影和许多罕见的星空运动及天文现象。4D 影院约 60 平方米，可容纳 38 人，立体影像的运用与影院内的环境喷水、吹风烟幕等机关相配合，带给观众全新的视觉震撼和乐趣。

3. 地址与联系方式等信息

广西壮族自治区科学技术馆官方微信公众号

地　　址：广西壮族自治区南宁市民族大道20号

官　　网：http://www.gxkjg.com

咨询热线：0771−2839991

开馆时间：周二至周日

（二）柳州市科技馆

1. 简介

柳州市科技馆（柳州市青少年学生校外活动中心）位于广西壮族自治区柳州市城中区，占地面积0.49万平方米，建筑面积0.64万平方米，于2001年5月开放。柳州科技馆建有以“青少年机器人教育和竞技”为主要内容、生动活泼、小型多项的“青少年科学工作室”，举办和承办各级创新竞赛及机器人竞赛；先后荣获“广西青少年科技教育基地”“全国科普教育基地”“全国青少年电脑机器人活动基地”等荣誉称号；2015年对外免费开放。

2. 主要展项或展区

科技馆设有基础科学展厅、机器人展厅、天文科普馆、地震科普馆等，展厅面积1761平方米，展品、展项73件（套）。主要展厅介绍如下。

（1）基础科学展厅。总面积400平方米，主要展示基础科学方面的知识。展厅分为“电学知识”“光学知识”“声学知识”“力学知识”“数学知识”5个区域。

（2）机器人展厅。总面积624平方米，有“仿人形迎宾机器人”“无皮鼓”“特斯拉高压放电”“勇闯激光阵”等设备，运用当今科技前沿的语音识别、智能运动、光电发射和接收等新技术，开拓青少年的眼界，提升青少年对学科学的兴趣。

（3）天文科普馆。位于科技馆顶楼，目前拥有口径为420毫米、带有电动跟踪赤道仪、自动寻星仪的折射式天文望远镜。自2008年建成以来，举办过多次大型天文科普活动，例如，中秋观月活动、观看太阳黑子、观测木星、金星等。

（4）地震科普馆。柳州地震科普馆由柳州市科学技术协会和柳州市地震局共同建设，由柳州科技馆负责运营管理。该馆是广西首家被国家地震局评为国家级防震减灾科普教育基地的单位。2011年5月12日建成开馆以来，柳州地震科普馆受到各级、各部门的普遍关注和社会各界的热烈欢迎，取得了良好的防震减灾宣传效果，社会影响力不断扩大。2012年10月进行的国家级防震减灾科普教育基地评定活动中，柳州地震科普馆在全国18个获评通过的单位中以优异的成绩顺利通过中国地震局评定验收。

3. 地址与联系方式等信息

地　　址：广西壮族自治区柳州市城中区高新二路7号

咨询热线：0772-261061

开馆时间：周二至周日

柳州市科技馆
官方微信公众号

（三）防城港市科技馆

1. 简介

防城港市科技馆位于广西壮族自治区防城港市中心区南半部，南临市青少年活动中心，北临市行政办公中心，西部面向北部湾海洋文化公园。防城港市科技馆2010年建设，建筑面积1.24万平方米，2015年对外免费开放。

防城港市科技馆以常设展览为主，短期临时展览为辅，兼有机器人培训、学术交流、影视放映及综合服务的功能。常设展厅面积为5542平方米，临时展厅面积为1339平方米，教育培训和办公面积为757平方米。常设展览除了以展示高新技术及前沿科学为主导、以基础科学为基础的展品、展项，还突出展示防城港市金花茶、核电、港口贸易、海洋生物等富有地方特色的展品、展项。其中，金花茶展项在国内科技馆属于首创展项。

2. 主要展项或展区

防城港市科技馆以“探索·多彩·科技”为展示主题，分“七彩天地”“绿色家园”“蓝色文明”“金色人生”4大展区，包含有“丛林探秘”“智慧王国”“欢乐城堡”“安全天地”“地球家园”“美丽港城”“绿色行动”“宇宙奥秘”“海洋探秘”“未来畅想”“生命历程”“能力展示”“健康生活”13个支撑展区，展品、展项200余件（套）。其中，观众可以动手参与和可以演示的展品占90%以上。还设有机器人工作室、航模工作室、科普剧场、4D互动影院。

（1）“七彩天地”展区。位于1层大圆筒，有49件（套）展品、展项，划分为“丛林探秘”“智慧王国”“欢乐城堡”“安全天地”4个区域。展区根据儿童的身心特点，通过角色扮演、情景体验、科学探究等丰富多彩的互动形式，让儿童在游戏中感知世界，体验科学。

（2）“绿色家园”展区。位于1层中圆筒，有41件（套）展品、展项，划分为“地球家园”“美丽港城”“绿色行动”3个区域。“地球家园”展现地球系统和生态系统的结构、平衡与循环，点面结合地展示流域的自然生态和变迁规律；“美丽港城”以地方经济特色和港口贸易发展为内容，诠释防城港市在中国—东盟自由贸易区、泛北部湾区域合作中具有的特殊战略地位和得天独厚的发展优势；“绿色行动”展示人们为保护绿色家园而开展的生态恢复、环境治理、新能源开发利用等行动，号召每一个公民都自觉参与绿色行动，从身边小事做起，传播绿色文明，建设我们的绿色家园。

（3）“蓝色文明”展区。位于2层大圆筒，有38件（套）展品、展项，分为“宇宙奥秘”“海洋探秘”“未来畅想”3大区域。展厅在设计上采用宇宙、海洋的蓝色基调，通过大空间展示，突出深邃、空间和现代感，引发参观者的探索欲望。在这里，公众可以遨游广袤的宇宙，体验太空生活；可以探秘海底奥秘，开发海洋资源；可以畅想信息科技的发展，感受未来生活方式的巨变。

（4）“金色人生”展区。位于2层中圆筒，有49件（套）展品、展项，分为“生命历程”“能力展示”“健康生活”3大区域。向公众揭示人体的秘密、健康的秘密，让观众通过仔细观察和动手参与，更加关注生命、关注健康。

3. 地址与联系方式等信息

地　　址：广西壮族自治区防城港市中心区迎宾街和谐路

官　　网：http://www.fcgskjg.org.cn

咨询热线：0770−2818033

开馆时间：周三至周日

防城港市科技馆
官方微信公众号

（四）南宁市科技馆

1. 简介

南宁市科技馆坐落于广西壮族自治区南宁市青秀区，占地面积 3.6 万平方米，建筑面积 3.52 万平方米。

南宁市科技馆立足广西，面向东盟，放眼世界，以“人与未来”为展示主题，鼓励人们探知科学，用科学创造更美好的未来。分为 A、B、C、D、E 馆，其中 A 馆为临时展区，面积约为 0.40 万平方米；其余 4 馆为常设展区，面积约为 0.95 万平方米。南宁市科技馆 2018 年对外免费开放。

2. 主要展项或展区

南宁市科技馆采用专题展示的方式，包括序厅、长廊、航天世界、科学乐园、科学生活、智能世界等展厅和职业体验馆、青少年科学工作室、4D 科学影院。展项、展品约 305 件（套）。其中，观众可以动手参与和演示的展品达 82% 以上。主要展厅介绍如下。

（1）航天世界展厅。在设计上采用太空的深蓝色基调，布展设计结合宇宙环境和空间站元素，有多个大型高仿真模型和发动机实物展品，多媒体互动丰富了对前沿探月科技应用的展示，激发公众特别是广大青少年对航天事业和太空探索的求知热情。

（2）科学乐园。展厅分成“少儿百科区”“水上世界区”“光影世界区”“红星建筑队区”。

（3）科学生活展厅。现代高速的工作生活节奏，伴随而来的是各种亚健康和心理问题。本厅围绕人体功能和常见健康问题，着重向观众介绍广西当地特有的壮医、瑶医诊疗器具、方法和养生知识，以及如何利用现代科技手段实现心理测试和舒压。引导观众探索人体奥秘，学习健康相关知识，共话健康养生。

（4）智能世界展厅。参观者通过体验时下新颖的科技产品和互动展项，感受智能时代给生活带来的便利与舒适。本厅引导公众对科技的好奇心并探索学习相关的科技知识。

（5）职业体验馆。以一个高仿真的街景，通过外立面的装饰，模拟真实的场地。参观者在辅导员的指导下，能够在不同职业体验主题店中扮演各行业职业角色，在玩乐中培养人生目标，规划自己的未来。

3. 地址与联系方式等信息

地　　址：广西壮族自治区南宁市青秀区铜鼓岭路 10 号

官　　网：http://www.nnskjg.com

咨询热线：0771-5530515

开馆时间：周三至周日

南宁市科技馆
官方微信公众号

二十一、重 庆 市

（一）重庆科技馆

1. 简介

重庆科技馆位于长江与嘉陵江交会处的重庆市江北嘴中央商务区核心区域，于2006年1月动工建设，2009年9月建成开馆。科技馆占地面积2.47万平方米，建筑面积4.83万平方米，其中展览教育面积为3万平方米，总投资额5.67亿元，2015年对外免费开放。

重庆科技馆是重庆市十大社会文化事业基础设施重点工程之一，是面向公众的现代化、综合性、多功能的大型科普教育活动场馆。重庆科技馆以“国际先进·国内一流·重庆特色”为建设目标，通过科教展览、科学实验、科技培训等形式和途径，面向公众开展科普教育活动，成为“体验科学魅力的平台，启迪创新思想的殿堂，展示科技成就的窗口，开展科普教育的阵地”。

重庆科技馆外观采用石材与玻璃两种材质。外墙石材使用多种颜色交叉重叠，像坚硬的岩石，隐喻“山”；占整个外墙的60%、近1万平方米的玻璃幕墙则清澈通透，隐喻“水”。石材的棱角分明、玻璃的透明如水，恰到好处地彰显出重庆“山水之城”的特征。重庆科技馆分为A区和B区，从空中鸟瞰，如同一个巨大的“扇形水晶宫”，造型大气恢宏。

2. 主要展项或展区

重庆科技馆以“生活 · 社会 · 创新”为展示主题，馆内共设“生活科技”“防灾科技”“交通科技”“国防科技”“宇航科技”“基础科学”6个主题展厅，以及“儿童科学乐园”“工业之光”2个专题展厅。展品、展项涵盖材料、机械、交通、军工、航空航天、微电子技术、信息通信、计算机应用、虚拟模拟技术、生命科学、环境科学、基础科学，以及中国古代科学技术等学科领域，展品、展项400余件（套）。主要展厅介绍如下。

（1）“生活科技”展厅。位于科技馆A区2层，展览面积约4481平方米，共有展品、展项131件（套）。主要展示日常生活中蕴含的科学原理和科技成就，传播“生活离不开科学，科学改善生活”的理念，引导观众穿出品位、吃出健康、科学居家，树立节能与环保意识，享受信息技术的成果，养成科学的生活方式，掌握科学的生活常识。该展厅由“穿衣打扮”“饮食健康”“科学家居”“人体健康”“能源与环境”“网络与生活”6个主题展区构成。

（2）“国防科技”展厅。位于科技馆A区3层，展览面积约1061平方米，共有展品、展项12件（套）。该展厅结合国防热点，让观众了解国防的历史、现实和未来，是国内首个科技馆内独立介绍国防科技，开展爱国主义教育和国防教育的展厅。该展厅由“陆战之王”“走向深蓝”“手握钢枪”3个主题展区构成。

（3）“基础科学”展厅。位于科技馆A区4层，展览面积约2900平方米，共有展品、展项86件（套）。集中展示基础科学原理及其运用，把“像科学家一样思考”融入整个展厅中，经典展品有“神奇的力”“电的世界”“美妙的光”“声音的世界”等。该展厅由“趣味数学”“经典物理”“磁电”等主题展区组成。

（4）“工业之光”展厅。位于科技馆B区1层，展厅面积约1750平方米。

该展厅是市政府特别要求建设的专题展厅，该展厅作为市政府展示工业科技成就的窗口和服务平台，主要展示重庆科技成果、重庆科技人物、重庆工业企业、新兴产业、工业园区等在工业化进程中的重要科技成就，展现企业在推动经济社会发展中的重要作用。

3. 地址与联系方式等信息

地　　址：重庆市江北区江北城西大街7号

官　　网：http://www.cqkjg.cn

咨询热线：023−61863051

开馆时间：周二至周日

重庆科技馆
官方微信公众号

（二）江津科技馆

1. 简介

江津科技馆位于重庆市江津区，建筑面积0.6万平方米，布展面积0.3万平方米，2017年对外免费开放。

2. 主要展项或展区

科技馆展厅由“序厅”“人防科普”“启迪探索”“生命健康”“军事和平”“儿童天地”“临展厅”7个展厅组成，有展品、展项129件（套）。

位于3层的“儿童天地”展厅内容丰富，包含了“小球王国”“戏水乐园”“童话森林”等体验项目，展示了空气动力学、人体识别技术等知识，以及水坝、水闸发电的小模型，让儿童在游玩的过程中，增加对科学基础原理知识的了解，培养追求科学、探求知识的兴趣。

3. 地址与联系方式等信息

江津科技馆
官方微信公众号

地　　址：重庆市江津区西江大道与浒溪路交叉口

官　　网：https://cqjjkjg.cn

咨询热线：023-47832247

开馆时间：周三至周日

（三）万盛科技馆

1. 简介

万盛科技馆位于重庆市万盛经济开发区文体中心 4 层，距重庆主城 70 千米。该馆建成于 2010 年，建筑面积 0.2 万平方米，2015 年对外免费开放。

2. 主要展项或展区

万盛科技馆以“探索科技、预见未来”为主题，以“科技蓝”为装饰主色调，设有科技互动馆、防震减灾馆、地理展示馆、机械运动馆、生态馆等展厅和科技制作室。常设展厅面积 1500 平方米，有展品、展项 270 余件（套），融合人工智能、3D 打印、环境科学、生命科学、信息通信等先进科技领域，有各类大小展品 150 余种，科技制作模型 10 余种，让公众在科技体验中了解科技新成果，掌握科学新知识，享受科技新乐趣。主要展厅介绍如下。

（1）科技互动馆。展厅有 30 余件（套）展品，主要通过力学、光学、声学、电磁学等经典物理学展项，展示科技的神奇。强调“生活离不开科学，科学改善生活”的理念，让参观者在互动体验中了解新技术的成果，掌握科学知识。

（2）防震减灾馆。以防范自然灾害为主题，通过声、像、影等形式，生动再现地震、泥石流、火灾等灾害发生的情景，提高公众的防震减灾意识，在体验中学习防灾、救灾的科学知识。

（3）地理展示馆。安放了地形地貌、地动仪等30件（套）展品，公众可以了解地球内部结构，探析日月运行关系，了解全球各类常见的地质地貌。

（4）生态馆。主要陈列各类动植物标本、化石。通过还原自然生态环境，标本的开放式摆放，让参观者能更加直观地感受到不同生物的特征，有置身丛林之感。

科技馆还组织太阳能动力车制作与竞赛、橡筋动力飞机制作与放飞、水火箭制作与放飞等多种科技创新活动，探索开展了“科技馆＋学校”“科技馆＋社区”等活动模式。

3. 地址与联系方式等信息

地　　址：重庆市綦江区滨江西路501万盛文体中心4层

官　　网：http://www.wskjg.com

咨询热线：023－48291737

开馆时间：周三至周日

万盛科技馆
官方微信公众号

二十二、四川省

（一）四川科技馆

1. 简介

四川科技馆位于四川省成都市中心天府广场北侧，由原四川省展览馆改建而成，占地面积6万平方米，建筑面积4.18万平方米。2006年11月建成开放，2016年进行了全面更新改造并对外免费开放。

2. 主要展项或展区

改造后的四川科技馆展示面积2万平方米，分3层布展，展示主题分别为“三问”“三寻”“三生”，共计16个展区，500余件（套）展品，还有4D影院、飞向未来剧场、机器人剧场、生命起源剧场4个特色剧场。

（1）1层以“三问——问天、问水、问未来”为主题。包括4个室内展厅和东庭、西庭2个室外展厅。航空航天展厅约1500平方米，展示航空航天领域的基础知识和科技发展、人类探索太空的历程及天文现象等；都江堰水利工程展厅约800平方米，通过展示鱼嘴、飞沙堰、宝瓶口三大渠首工程，主要揭秘李冰治水的科学原理；儿童馆约2600平方米，包括“探索自然奥秘”“感知与分享”“快乐成长天地”3个展区，展品带给孩子们观察、触摸、探索和玩耍的机会，让孩子们在参与过程中获得动手、动脑、身心并用的体验。

（2）2层以“三寻——寻知、寻智、寻迹”为主题。包括“声光电厅”“数学力学厅”“虚拟厅”“机械厅”“机器人大世界”“四川省十二五科技创新成就展”6个主题展厅，展示面积约5200平方米。涵盖了“趣味数学”“经典物理”“神奇的力”“美妙的光”“巧妙的机械装置”等基础科学类的经典展项，以及利用VR虚拟现实技术增强观众与虚拟环境的沉浸感、交互感和体验感的展项，展示了科技的美妙与神奇。机器人展厅运用多元化的展示手段，展示了各式各样身怀绝技的机器人。

（3）3层以“三生——生命、生存、生活”为主题。包括“生命科学”“健康生活”“防灾避险”“生态家园”“交通科技”“好奇生活”6个主题展厅，展示面积约5200平方米。涵盖了人体和生命的奥秘、科学的生活方式、真实灾难险境中的处置方式、生态建设，以及水资源利用、交通工具的发展与历史变迁、日常生活中的科学知识等方面的内容。

（4）4层是美科新未来学院。美科新未来学院是常设展区的有益补充，完善了科技馆科普教育的功能和形式。按照投资和运营主体不同，美科新未来学院的项目划分为三类：第一类是四川科技馆自主运营的科普教学和科学表演项目，有机器人工作室和科学秀（SE剧场）；第二类是由四川省科学技术协会培训中心与社会专业机构合作经营的项目，有杨梅红艺术与科学创意中心、次元空间和蒲公英创客学院；第三类是科技馆引进的专业社会机构投资经营的项目，有文轩·格致书馆、智胜乐飞航空科普体验园。

3. 地址与联系方式等信息

四川科技馆
官方微信公众号

地　　址：四川省成都市青羊区人民中路一段 16 号

官　　网：http://www.scstm.com

咨询热线：028－86609999

开馆时间：周二至周日

（二）达州科技馆

1. 简介

达州科技馆位于四川省达州市通川区西外人民广场东侧，投资 6100 万元，建筑面积 0.74 万平方米，2019 年对外免费开放。

达州科技馆以“科技与生活”为设计理念，将科学性、趣味性、参与性和低碳环保等特点相结合，为公众特别是青少年参与科普、学习科技、体验科学提供平台，成为青少年学习科学知识的乐园。

2. 主要展项或展区

达州科技馆展厅分为常设展厅和展教活动区两大部分。

常设展厅面积 3810 平方米，包括“序厅”“宇宙奥秘”“地球家园”“生命科学”“科技时光隧道”“信息技术”等展厅，共有展品、展项 144 件（套）。整个场馆充分利用声、光、电现代科学技术，生动形象地展示航空航天、儿童科技乐园、数学、力学、声学、光学、电磁学、机械、机器人、虚拟世界、生命科学、防灾避险、生态家园、健康生活、交通科技、好奇生活等方面的科技知识。

主要展厅介绍如下。

（1）“地球家园”展厅。可以在展示墙上了解板块漂移、水的分布、海洋的形成等知识，还可以一目了然地看到风力发电的场景、酸雨腐蚀前后的对比。

（2）“生命科学”展厅。设置了“人的智慧与大脑”“舌尖上的科学”“疾病与健康”等展区，最受孩子们欢迎的是“人的智慧与大脑”展区，孩子们可以把大脑的运用与游戏结合在一起，只要赢得游戏，相应的大脑分区模型就会自动变亮，直观呈现分区，并了解该区的功能。

（3）“信息技术”展厅。设有“信息技术的基石”“数字技术与模拟技术”“智能机器人”“智能 3D 打印”等 22 件展品，展示了信息技术给社会发展带来的巨大变化，使公众了解信息科学和人类生活之间的密切联系。

展教活动包括“未来之光”“技艺博览”“消防知识大课堂”等。

3. 地址与联系方式等信息

地　　址：四川省达州市通川区西外人民广场东侧

官　　网：http://www.dazhoukexie.com/list.php?fid=65

咨询热线：0818−2385266

开馆时间：周三至周日

达州科技馆
官方微信公众号

（三）阿坝州青少年科技馆

1. 简介

阿坝州青少年科技馆位于四川省阿坝藏族羌族自治州马尔康市团结街，建筑面积 1100 平方米。其中，常设展区面积 700 平方米，机器人创新工作室面积 120 平方米，手工工作室面积 100 平方米，公共服务区面积 150 平方米。阿坝州青少年科技馆 2018 年对外免费开放。

2. 主要展项或展区

常设展区有展品、展项 50 余件（套），以“玩起来、动起来”为理念，集科学性、知识性、趣味性、参与性于一体。青少年在这里通过参与、实践、体验等方式接受科学思想和科学方法，学习科技知识、参与科技活动、体验科技创新、感受科技魅力。

3. 地址等信息

地　　址：四川省阿坝藏族羌族自治州马尔康市团结街 72 号

开馆时间：周三至周日

阿坝州青少年科技馆
官方微信公众号

二十三、贵 州 省

（一）贵州科技馆

1. 简介

贵州科技馆位于贵州省贵阳市瑞金南路，于2006年8月建成开馆，占地面积0.45万平方米，建筑面积1.48万平方米，总投资9085万元，2015年对外免费开放。

2. 主要展项或展区

贵州科技馆展厅面积为7040平方米。其中，常设展厅4700平方米，临时展厅600平方米，培训教室640平方米，实验室600平方米，4D动感影院及同声传译学术报告厅500平方米。

贵州科技馆以“自然、智慧、未来”为主题进行布展设计，体现以人为本的理念，以人类赖以生存的奇妙自然、人类不懈追求的无穷智慧、人类致力探索的神秘未来为主线，进行多层次、全方位的立体展教。由“天文地理”“万物之灵”“科学探索”“黔贵大地”“少儿科技乐园”5大主展区和14个支撑展区组成，有展品397件（套）。展品、展项具有知识性、参与性、趣味性和艺术性，体现了科学与美学、技术与艺术、自然科学与社会科学的巧妙结合，体现了“认识自然，感悟智慧，探索科技”的布展思路和展线形式。

贵州科技馆利用科普大篷车发挥“流动科技馆”作用，深入农村、城镇社区和学校开展科普教育活动。

3. 地址与联系方式等信息

地　　址：贵州省贵阳市瑞金南路 40 号

官　　网：http://www.gzstm.cn

咨询热线：0851-85832933

开馆时间：周三至周日

贵州科技馆
官方微信公众号

（二）遵义市科技馆

1. 简介

遵义市科技馆位于贵州省遵义市新蒲新区湿地公园内，于 2012 年启动建设，2016 年装修布展施工，主体建筑共 4 层。科技馆总占地面积 2.63 万平方米，总建筑面积 1.85 万平方米，总投入约 3.5 亿元，2018 年对外免费开放。

遵义市科技馆采用绿色环保的设计理念，以半覆土形式建设，将场馆整个北面空间几乎全部镶入山壁之中，使之在青山绿树之间若隐若现，和周围自然环境浑然一体。

2. 主要展项或展区

遵义市科技馆设有“创想工场”“儿童科学乐园”“地球家园”“科技与

生活”“科学探秘”5个常设展厅，布展总面积11000平方米，有展品330件（套）。还设有临时展厅、4D影院、球幕影院、科学报告厅，以及机器人、3D打印、创客、科学影像4个工作室，并配有餐厅。常设展厅介绍如下。

（1）“创想工场”展厅。布展面积约530平方米，有展品、展项25件（套）。展示机智灵活的机器人、热门的VR、AR技术，汇聚了科技前沿的一系列元素，激发青少年对未来科技的畅想。

（2）“儿童科学乐园”。布展面积约750平方米，有展品、展项61件（套）。主要针对3~14岁的儿童设置，是一个将童趣、科学与游戏集为一体的梦幻乐园，锻炼儿童的思考能力与动手能力，激发他们对科学的兴趣与爱好。

（3）“地球家园”展厅。布展面积约700平方米，有展品、展项30件（套）。向公众展示地球46亿年间的沧海桑田，再现恐龙盛世及大自然令人惊恐的力量带给我们的敬畏和防御措施，用各种模拟的方式让观众更贴近和了解大自然，使人们对大自然既要心存畏惧，更要保护爱惜。

（4）“科技与生活”展厅。布展面积约720平方米，有展品、展项53件（套）。以我们身边的科技为切入点，设置了“生命健康”与“生活追梦”两个展区，生命诞生之初的秘密将一一为我们揭开；还有“天眼看未来”、开“跑车”畅游遵义，同时还能坐上飞机俯瞰遵义各地的美景。

（5）“科学探秘”展厅。布展面积约740平方米，有展品、展项46件（套）。“数学魅力”“运动旋律”“电磁奥秘”“声光体验”4个展区演示了一些基础科学知识，以及水流上可以写字绘画、高空骑自行车、宇航员太空训练体验、镜子迷宫及人体通电等体验项目。

科技馆还开展各种形式的科普活动，与多个学校联合，丰富少年儿童科学文化生活，如“小小讲解员”活动。

3. 地址与联系方式等信息

遵义市科技馆
官方微信公众号

地　　址：贵州省遵义市新蒲新区湿地公园科技路

官　　网：http://www.zystm.org.cn

咨询热线：0857-8254082

开馆时间：周三至周日

（三）毕节市科学技术馆

1. 简介

毕节市科学技术馆位于贵州省毕节市洪南新区，是贵州省的首个市级科技馆，于 2014 年 1 月建成开馆，建筑面积 0.65 万平方米，展厅面积 0.39 万平方米，总投资 5000 万元，2015 年对外免费开放。

该馆展品和布展设计紧扣毕节试验区的自然资源、旅游资源、生态资源、社会发展，以及人文历史特点，把传播科技知识和宣传毕节有机结合起来。

2. 主要展项或展区

毕节市科学技术馆展示主题从挖掘“源”字的内涵来体现生态、生活、科技之间的融合，设有“生态之源”“聚能之源”“智慧之源”“宇宙之源”“万灵之源”“儿童希望之源”6 个常设主题展厅（其中，“生态之源”和“聚能之源”是科技馆的特色展厅），1 个临时展厅，1 个 4D 影院和 1 个学术报告厅。馆内配置了高新科技手段展示和涵盖基础学科知识的“气泡成像”“水钟”“数码毕节”“磁悬浮地球仪”等 126 件（套）展品。其中，“数码毕节”是由专业团队为毕节科技馆量身定制研发，展示毕节试验区人文、生态和建设成就的特色展项。

（1）“生态之源”展厅。该展厅是毕节市科学技术馆的特色展厅，通过对毕节市生态环境综合保护措施的探索，使公众认识毕节地理环境、水资源环境，以及特有的高原湿地生态系统，体验生态与环境科学，探讨人类与自然的和谐问题，构建人类与环境和谐发展的绿色家园。

（2）“聚能之源”展厅。该展厅是毕节市科学技术馆的特色展厅，以毕节煤矿资源和煤炭工业、低碳科技、家园变迁为主线，分为“能源矿产及其加工技术”“低碳科技”“家园变迁”三大支撑展区。

（3）“智慧之源”展厅。该展厅系统展示基础科学和高新科技的相关知识，揭示事物发展的基本规律，回顾人类认识客观世界、创造科技文明的历程，以及在高新技术领域取得的成就。

（4）“宇宙之源”展厅。展示太空的奥秘，人类对外太空生命的探索，以及人类在航空航天技术领域所取得的成绩。

（5）“万灵之源”展厅。以生命科学为主线，展示人类、动物、植物、昆虫四大类的生命科学知识，讲述人类生命的诞生、孕育和成长的过程。

3. 地址与联系方式等信息

地　　址：贵州省毕节市洪南新区碧阳大道

官　　网：http://www.kjg.gzbjkx.cn

咨询热线：0857-8254082

电子邮箱：120153522@qq.com

开馆时间：周三至周日

本书出版时该馆暂未开通官方微信公众号

二十四、云 南 省

（一）云南省科学技术馆

1. 简介

云南省科学技术馆位于云南省昆明市翠湖西路，其前身是始建于 1958 年的云南省农业成就展览馆，1983 年改建为“云南省科学技术馆”，是云南省科学技术协会直属的事业单位。该馆占地面积 3.97 万平方米，总建筑面积 0.96 万平方米，2015 年对外免费开放。

2. 主要展项或展区

云南省科学技术馆常设展览面积 0.36 万平方米，设置“科学的探索”等 4 个主题展厅、6 个特色展区、2 个常设实验场地，展品、展项 312 件（套）。

同时，云南省科学技术馆还常态化开展包括“梦想实验室”“梦想剧场”“梦想课堂”在内的梦想系列科普活动；开展科技馆进校园、进社区、进农村等特色科普活动；开展流动科技馆巡展活动。

3. 地址与联系方式等信息

云南省科学技术馆
官方微信公众号

地　　址：云南省昆明市翠湖西路 1 号

咨询热线：0871-65326750

开馆时间：周二至周日

（二）曲靖市科学技术馆

1. 简介

曲靖市科学技术馆位于云南省曲靖市麒麟区“五馆一中心”内，建筑面积 1.51 万平方米。是具有云南特点和曲靖元素的综合性科技馆，是全面发挥科普教育功能的公益性现代公共文化场馆，2017 年对外免费开放。

2. 主要展项或展区

曲靖市科学技术馆以“人与自然、科学发展”为主题，设有“儿童科技乐园”“生命科学”“航空航天”“信息科学”“地球环境”“基础科学”“曲靖科技”等主题展区，常设展厅面积 9000 平方米，展品、展项 300 余件（套）。

3. 地址与联系方式等信息

曲靖市科学技术馆
官方微信公众号

地　　址：云南省曲靖市麒麟区翠峰路 85 号

官　　网：http://www.qjstm.com

团体预约热线：0874-6069199

开馆时间：周三至周日

（三）普洱市科技馆

1. 简介

普洱市科技馆位于云南省普洱市思茅区，2008 年 6 月开工建设，2015 年 3 月完成布展施工。该馆占地面积 0.35 万平方米，建筑面积 1.1 万平方米，建设资金投入 2880 万元，展教工程资金投入 5500 万元，2016 年对外免费开放。

普洱市科技馆由科学技术馆和城市规划馆两馆合一、统一管理，是集规划展示、科普教育、特色旅游、商务休闲等多功能于一体的专业规划展示馆。

2. 主要展项或展区

普洱市科技馆常设展厅布展面积 5500 平方米，共 3 层。

1 层为城市规划馆展区，分为“茶城客厅”“印象普洱”“古茶长青”“建设成就”“总体规划”“专项规划”“控详规划”“区县规划”“招商引资”9 个展区。

2~3 层为科技馆展区，主要分为绿色经济产业科普展区、地震及火灾科普体验区、声光电力学等基础科学展区、综合模拟实验室等，有 14 个常设展厅，1 个 4D 影院，1 个科普报告厅，展品、展项 80 余件（套）。展项应用声、光、电、全息影像和 360 度环幕等技术，展现科普知识，寓教于乐，发挥观众的参与性和互动性，让观众在参观体验中获得科技知识。

3. 地址与联系方式等信息

地　　址：云南省普洱市思茅区滨河路北部文化中心

咨询热线：0879-2126760

开馆时间：周三至周日

普洱市科技馆
官方微信公众号

（四）临沧市科技馆

1. 简介

临沧市科技馆位于云南省临沧市文化中心文化馆内，建筑面积约 5800 平方米，展厅建筑面积约 2300 平方米，2018 年对外免费开放。

2. 主要展项或展区

临沧市科技馆设有“科技临沧”“科技与生活”“未来科技”等展厅和儿童乐园。

3. 地址等信息

地　　址：云南省临沧市文化中心文化馆内

开馆时间：周三至周日

本书出版时该馆暂未开通官方微信公众号

二十五、西藏自治区

西藏自然科学博物馆

1. 简介

西藏自然科学博物馆位于西藏自治区拉萨市城关区，是自然博物馆、科技馆、展览馆“三馆合一”的公益性综合型博物馆，建筑面积3.17万平方米，总投资4.425亿元，2015年对外免费开放。

西藏自然科学博物馆集展览与教育、科研与交流、收藏与制作、休闲与旅游于一体，是一处将科技性、参与性、趣味性融为一体的科普教育与旅游观光基地，具备展览教育、观众服务、支撑保障三重功能。

常设展厅建筑面积1.32万平方米，包括自然博物馆、科技馆、展览馆三大板块。自然博物馆主要包含“地球之巅”“神奇山水”“生命奇迹”“生态屏障”4个主题展区；科技馆主要包含“藏地智慧”“科技光辉”“体验高原”“智慧乐园”4个主题展区。

2. 主要展项或展区

科技馆特色展区介绍如下。

（1）“藏地智慧”展区。生活在藏地的历代居民，通过辛勤努力和不懈探索，积累了丰富的科技经验，在藏语言文字、农牧业生产技术、藏医藏药、建筑技艺、手工技术等方面均形成了成熟的体系，体现了西藏人民顽强的精神和卓绝的才智。藏地智慧展区分为：“文明之光——藏文”“生存之本——农牧业”“高原瑰宝——藏医藏药”“古朴纯如——藏式建筑”“精湛技艺——手工业”5个单元。

（2）“科技光辉”展区。西藏拥有特殊的高原气候和地理环境，使其具有较高的科考价值和能源开发价值。随着现代科技的发展与科研人员的不懈努力，西藏高原科考已获得大量成果，攻克多项交通建设难题，丰富的清洁能源也得到开发利用。科技光辉展区分为：“探索密境——高原科考”“科技天路——高原交通”“清洁能源”3个单元。

（3）“体验高原”展区。青藏高原因其独特的高原环境影响，当地的空气相对干燥、稀薄、太阳辐射强、气温较低，形成了独特的高原气象，同时也对人体的呼吸系统及其他器官产生一定影响。

场馆设有“魅力高原”4D多场景体验剧场，观众坐在车上，通过佩戴4D眼镜即可欣赏西藏的大美风光，通过模拟现实场景让观众仿佛身临其境。

西藏自然科学博物馆正在完善数字馆，市民只要登录网站就可以欣赏到馆内的展品或在网站留言。同时，西藏自然科学博物馆还可以通过视联网实现与各地博物馆的实时交流、跨平台互动科普等。

3. 地址与联系方式等信息

地　　址：西藏自治区拉萨市城关区藏大东路9号

官　　网：http://www.xzzrkxbwg.com

咨询热线：0891-6839900

开馆时间：周三至周日

西藏自然科学博物馆
官方微信公众号

二十六、陕 西 省

（一）陕西科学技术馆

1. 简介

陕西科学技术馆位于陕西省西安市新城广场，建筑面积 0.98 万平方米，是面向社会开展科普教育的公益性事业单位，2015 年对外免费开放。

陕西科学技术馆利用实体科技馆、数字科技馆、流动科技馆、科普大篷车组成的“三馆一车”现代科技馆业务建设体系开展展教活动，以常设科普展览和科普大篷车巡展为主要手段，以科技培训、科普报告、科普讲座、科普影视、科普橱窗、科学实验等活动内容为辅助形式，组织实施丰富多样的群众性科普活动。该馆被评为全国青少年科技教育基地、陕西省青少年教育基地。

2. 主要展项或展区

陕西科学技术馆常设科普展厅面积 1400 平方米，按 4 层布展。在展示自然科学基础原理的同时，注重展示 21 世纪科技发展的重大走向和我国国民经济发展中的重大领域。

1 层展厅面积为 180 平方米，主要展示内容有航空、航天、机械等，介绍科技发展史。2 层展厅面积为 440 平方米，主要展示内容为电磁学。3~4 层展厅面积每层均为 390 平方米，主要展示内容有力学、光学、声学、数学、人体科学、材料学、多媒体技术等。有展品、展项 80 余件（套）。通过科学性、知识性、趣味性相结合的展览内容和参与互动的形式，反映科学原理及技术应用，培养公众的科学思想、科学方法和科学精神。

3. 地址与联系方式等信息

地　　址：陕西省西安市新城广场

官　　网：http://www.shxstm.org.cn

咨询热线：029−87215521

开馆时间：周三至周日

陕西科学技术馆
官方微信公众号

（二）延安科技馆

1. 简介

延安科技馆新馆位于陕西省延安市枣园路中段，与枣园革命旧址和中国延安干部学院毗邻，占地面积 1 万平方米，建筑面积约 1.98 万平方米，2016 年对外免费开放。

延安科技馆以展览教育为主要手段，同时，还组织各类实践和培训、学术交流、科技咨询等活动，让公众通过亲身参与，加深对科学的认识和理解，在寓教于乐中提高自身科学素质。

延安科技馆外观设计结合陕北窑洞和仿唐建筑特色，与枣园路风情文化街建筑风格相融合。

2. 主要展项或展区

延安科技馆以“科普延安、发展延安”为主题，通过丰富多彩的互动展项，让参观者触摸人类在梦想之路上的科学探索历程，了解被发现的客观世界的运动规律，体验人类创造发明的种种方法及成果，以及科技文明对延安社会发展前景的影响。

延安科技馆展览教育面积约 9000 平方米，设有常设展厅、主题展厅、军事科普展区、特效影院、多功能学术报告厅等。

常设展厅面积 6286 平方米，展示主题为“探索 · 科技 · 未来”，设有 5 个展厅、1 个儿童乐园和 3 个科学工作室。5 个展厅分别为：“序厅”“奇妙的世界”“探索与实践”“走向未来”“尾厅”。

3. 地址与联系方式等信息

地　　址：陕西省延安市枣园路中段

官　　网：http://www.ystm.org.cn

咨询热线：0911－3385111

开馆时间：周三至周日

延安科技馆
官方微信公众号

（三）榆林市科学技术馆

1. 简介

榆林市科学技术馆位于陕西省榆林市高新区，占地面积约 4.6 万平方米，建筑面积2.0万平方米，2016年4月投入使用并对外免费开放。

该馆建筑采用沙漠（建筑外观）与明珠（穹幕影院）相结合的“塞上明珠”式造型设计，寓意科技威力破土而出，荣获陕西省建设工程质量最高荣誉奖“长安杯”。

2. 主要展项或展区

榆林市科学技术馆展厅面积12000平方米，以“能源、生态、发展”为主题，以“儿童启蒙、认识世界、影视天地”为辅题，常设展厅共设置9大展区，180余件（套）展品、展项。全馆分3层布展。

1层为娱乐互动空间，总布展面积是2616平方米，有33件（套）展品、展项，设有“光影空间”展区，以及儿童科学乐园和临时展厅。“光影空间”展区有9件（套）展品，重点展示榆林历史、资源、特色、地理4大部分内容，以造型抽象化的科技巨树为展厅主题形象，寓意榆林发展枝繁叶茂、欣欣向荣的现状。儿童科学乐园是专为儿童设计的展区，有24件（套）展品，分为“实践天地”“科学公园”“动物世界”“水上乐园”4个单元。

2层展厅总布展面积是4023平方米，有75件（套）展品、展项，设有“太空探索”“宇宙世界”“微观世界”“身边世界”4个展区以及“序厅”和“共享大厅”。通过展示基础科学的内容，让观众在参与互动中了解力、热、声、光、电、磁等方面的知识。

3层展厅总布展面积3070平方米，有73件（套）展品、展项。设有“能源世界”“拓展创新”“生态安全”“环幕剧场”4个展区，还拥有穹幕影院和4D影院两个特色影院，以及青少年工作室。展示科技发展对人类社会日益广泛和深刻的影响，传播科技以人为本的理念，使观众感受科技创新为人类带来的福祉和恩惠。同时，关注科技发展给社会生活带来的一些问题，以及人类为解决这些问题而付出的努力，让公众在参观和体验中进行思考与领悟。

3. 地址与联系方式等信息

榆林市科学技术馆
官方微信公众号

地　　址：陕西省榆林市高新区建业大道142号

官　　网：http://www.ylstm.cn

咨询热线：0912-8193555

开馆时间：周三至周日

二十七、甘 肃 省

（一）甘肃科技馆

1. 简介

甘肃科技馆成立于20世纪80年代，原名兰州科学宫，2005年更名为甘肃科技馆。甘肃科技馆位于甘肃省兰州市安宁区，占地3.77万平方米，建筑面积5.01万平方米，于2011年12月开工建设，2018年对外免费开放。

甘肃科技馆的外观造型融合了甘肃地域文化元素和现代科技设计理念，是兰州市一座地标性建筑，也是甘肃省目前投资规模最大、功能最为齐全的综合性科普基础设施。

2. 主要展项或展区

甘肃科技馆以“体验科学、感悟创新、和谐发展”为展示主题，由序厅、中庭、常设展厅、临时展厅、巨幕/4D二合一影院、球幕影院、科学实践与体验中心、学术报告厅等构成，展示内容涉及生命科学、信息技术、基础科学、宇航科技等学科领域。展厅面积15524平方米，有展品、展项340余件（套）。

展厅陈设注重科技性、教育性、参与性和趣味性，采用声、光、电等现代高科技手段，揭示自然奥秘，展现科技魅力。主要展厅介绍如下。

1层展厅设有甘肃主题展和儿童科学乐园。甘肃主题展以“魅力甘肃——科技创新让甘肃腾飞”为主题，内容包含石油炼化、清洁能源、重离子实验室、地震避险及展现甘肃科技概览的环幕影院，将甘肃的科技文明发展史、甘肃的工业发展和科技成就直观具体地展现在观众面前。儿童科学乐园展区包括“泡芙堡展区”（3~5岁）、“像素世界展区”（6~12岁），展示适合儿童身心特点的科技内容，注重儿童和家长互动，让儿童在展览和游戏中体验探索的乐趣，激发好奇心，培养对科学的热爱。

2层展厅主要以“科技改善生活、科技引领生活”为主题，让人们科学地认识生命，了解科技使我们生活发生的改变，科技引领我们未来生活方式多样化，使观众感受科技进步与改善生活之间的密切联系。分为“智慧生活”“身体内部的秘密”“便利生活”“健康生活”“生命的诞生”5个展区。

3层展厅以“基础学科”和“宇宙探索”为主题，以启迪创新意识为线索，阐释科学探索与发现的历程。展示人类对自然如运动、声音、光、电、数学，以及天文等方面的认识，使观众感受科技发明的美妙与神奇，享受探索与发现所带来的乐趣。分为“天籁之声、数学之魅、运动之律”“绚烂之光、电磁之奥”“宇宙探索、飞天探梦”3个展区。

3. 地址与联系方式等信息

地　　址：甘肃省兰州市安宁区银安路568号

官　　网：http://www.gsstm.org

咨询热线：0931-6184266

开馆时间：周三至周日

甘肃科技馆
官方微信公众号

（二）金昌市科技馆

1. 简介

金昌市科技馆是金昌市科学技术协会下属的事业单位，位于甘肃省金昌市人民文化广场以南，金川区建设路市文化中心中部，始建于2008年，建筑面积0.46万平方米，2009年2月面向公众开放，2015年对外免费开放。

金昌市科技馆围绕“科学、大众、公益、开放”的办馆方针，以青少年儿童科技兴趣培养和科技展示为主要内容，致力于服务公众。先后被中国科学技术协会、甘肃省科学技术协会命名为“金昌市青少年科普教育基地”“甘肃省科普教育基地”“国家防震减灾科普教育基地”。

2. 主要展项或展区

金昌市科技馆常设展厅建筑面积1933平方米，展示主题为“体验科学、开阔视野、启迪智慧、促进发展”。3个楼层设置“飞天之梦·宇宙探秘”“科技之光·数理天地”“VR体验·创客空间”3个主题展厅，包括129件（套）展品，以及一座4D电影院。同时，楼层间布有6个科普长廊。

1层“飞天之梦·宇宙探秘”展厅，设有“科技表演台”“下棋机器人”“天文太空探索”“控制技术”“虚拟翻书”“数字科技馆”“互动体验”7大项目35件（套）展品。

2层“科技之光·数理天地”展厅，设有“神奇的光”“气体发光与光谱”“发电与能的转换”“能源的利用”“奇妙的转动”“伯努利原理三部曲”“振动与声音”“球与轨道形状”和“电磁探索”9个项目48件（套）展品。

3层“VR体验·创客空间”展厅，设有“动手乐园”“生活中的数学”“数形之趣”“认识人体”“水乐园”“创客空间”“VR 体验”7 个项目 46 件（套）展品。

此外，在朱王堡中心小学还设有金昌市流动科技馆。

金昌市科技馆依托展览展示，积极组织各类形式多样的展品、展项体验、主题教育及青少年活动，包括中国流动科技馆巡展、科普大篷车巡展、科技创新大赛、机器人大赛、创客教育等活动。

3. 地址与联系方式等信息

地　　址：甘肃省金昌市金川区建设路 82 号

团体预约热线：0935-8218009

开馆时间：周二至周日

本书出版时该馆暂未开通官方微信公众号

（三）张掖市科技馆

1. 简介

张掖市科技馆位于甘肃省张掖市甘州区，建筑面积约 2600 平方米，常设展厅面积约 800 平方米，是面向公众尤其是青少年开展科普教育活动的公益性机构。

2. 主要展项或展区

张掖市科技馆设有科学体验互动展厅、青少年科学工作室、机器人教育活动厅、天象馆、3D 立体影视厅、3D 创客体验厅、科普图书室、节水型社会展厅、反邪教警示教育展厅等主题展厅和专题展厅。其中，节水型社会展厅是水利部命名的“全国节水科普教育基地”。张掖市科技馆有展品、展项 70 多件（套），2016 年对外免费开放。

3. 地址与联系方式等信息

张掖市科技馆
官方微信公众号

地　　址：甘肃省张掖市甘州区北环路 569 号

咨询热线：0931-6184266

开馆时间：周三至周日

二十八、青 海 省

（一）青海省科学技术馆

1. 简介

青海省科学技术馆是青海省科学技术协会直属社会公益类事业单位，始建于 1984 年，建筑面积 3.32 万平方米，是目前青海省最大的科普活动场所，2015 年对外免费开放。

2006 年，青海省科学技术馆增挂青海省青少年科技中心牌子，负责青海省青少年科技活动的组织与管理，把未成年人列为科普工作的主要对象，把科普教育同未成年人思想道德建设紧密结合起来。

青海省科学技术馆是以科技展览教育为主，以科技实践活动和科技培训为补充的科技教育阵地。先后被国家和青海省有关部门命名为“全国青少年科技教育基地”“全国科普教育基地”“全国青少年校外活动示范基地”“小公民道德建设活动实践基地”“宋庆龄少年儿童科技发明示范基地”“青海省科普教育基地”“青海省小公民思想道德建设基地”。

2. 主要展项或展区

青海省科学技术馆常设展厅建筑面积 1.4 万平方米，有展品、展项约 300 件（套）。包括“电磁大舞台”“天路之旅”“高原的形成”“动植物资源”“地震体验”“生物多样性”“神奇的小屋”“种子的力量”“俯瞰高原”等展品、展项，以及“青海印象”“世界屋脊”“板块构造学说”“青海自然之谜”“三江之源”“中华水塔”等青海特色展项。

3. 地址与联系方式等信息

地　　址：青海省西宁市城西区五四西路 74 号

官　　网：http://www.qhkjg.com

咨询热线：0971-8083724

开馆时间：周二至周日

青海省科学技术馆
官方微信公众号

（二）果洛州科技馆

1. 简介

果洛州科技馆位于青海省果洛藏族自治州玛沁县大武镇格萨尔广场南面，毗邻格萨尔影剧院，建筑面积 0.41 万平方米，是以青少年为主要对象的公益性科技文化教育场所，2016 年对外免费开放。

果洛州科技馆以培养青少年的科技创新精神和实践能力为目标，以开展丰富多彩的青少年科技教育活动为主要内容，服务青少年、服务学校、服务社会，开展集科学性、趣味性、知识性、创造性为一体的丰富多彩的青少年科技教育活动。如举办科普知识竞赛、科技夏令营、青少年科技创新大赛、青少年科学调查体验等活动。

2. 主要展项或展区

果洛州科技馆主要展区位于科技馆 2 层和 3 层，展厅面积 1250 平方米，展品、展项 100 余件（套）。包括“青少年科技创新成果及活动展示厅”“科学基本理论操作展示厅”，以及培训室、标本室、计算机室、资料室、活动室、4D 影院等活动场所。中间大厅科普展项演示操作区域对所有群体均开放；青少年科技创新操作室、美术室只针对中小学生、青少年开放。

3. 地址与联系方式等信息

地　　址：青海省果洛藏族自治州玛沁县达日路（果洛州民族中学东侧）

咨询热线：0975–8382631

开馆时间：周一，周四至周日

果洛州科技馆
官方微信公众号

（三）德令哈天文科普馆

1. 简介

德令哈天文科普馆位于青海省海西蒙古族藏族自治州德令哈市长江路西侧、都兰路南侧、延伸的滨河花园东侧，占地约 3.5 万平方米，建筑面积 0.4 万平方米，总投资 4300 万元。德令哈天文科普馆是以天文为主题的科普展示馆，于 2015 年落成，2017 年对外免费开放。

德令哈天文科普馆借自然地形、园林绿化和人造景观，体现野趣和情趣，为公众提供一个感受科学魅力的科普活动场所、科普教学示范基地和综合素质活动特色基地。

2. 主要展项或展区

德令哈天文科普馆展厅分为3层，面积3056平方米，有科普展览厅、天文观测厅、太阳厅、球幕天象厅、天文互动体验馆、地震厅，以及中国古代天文历法、世界天文学发展、西方古代天文学、九大行星、银河系等展厅，通过展品展示和声、光、电等高科技现代化手段向公众宣传天文、航天及地震等有关知识。

3. 地址等信息

地　　址：青海省海西蒙古族藏族自治州德令哈市长江北路

开馆时间：周二至周日

本书出版时该馆暂未开通官方微信公众号

二十九、宁夏回族自治区

（一）宁夏科技馆

1. 简介

宁夏科技馆（宁夏青少年科技活动中心）位于宁夏回族自治区银川市人民广场西街，是宁夏回族自治区成立50周年重点献礼项目，占地面积3.88万平方米，建筑面积2.97万平方米，投资约2.5亿元。宁夏科技馆工程于2005年11月奠基，2008年9月建成正式向社会开放，2015年对外免费开放。

宁夏科技馆由主展馆、穹幕影院和综合楼三部分组成。宁夏科技馆外部造型极具吸引力，飘逸流动的玻璃顶壳，不但象征连绵起伏的贺兰山脉，而且丰富了建筑的天际线。穹幕影院所形成的玻璃球体和弧形展厅相对，象征着日月同辉，有机组合在主入口巨型构架之下。主展馆立面在水平线条划分的玻璃幕墙上，穿插石材墙面，表现建筑的力度。

2. 主要展项或展区

宁夏科技馆常设展厅建筑面积16100平方米。围绕“自然·科技·人”的主题，设置“序厅”“宇宙探秘”“生活中的科学”“走近海洋”“生命奥秘”“科技之光”“生命健康禁毒”“魅·数学”“奇·磁电”“妙·力学”“幻·声光”“享·科技”“趣·乐园”“韵·小球”等展区、展项和室外展区。有展品、展项290件（套），矿物、动物、古生物标本1500多件。

该馆设置穹幕影院（兼作数字天象厅），内径15米，可容纳105人，使用目前国际上最先进的美国ES公司数字化穹幕影院设备，计算机数据库存有全世界各地每天的星空数据，随机还带有科普影片。在1层南侧设有4D影院，可容纳40人，观众佩戴特制眼镜可观看三维立体电影，三自由度的特效座椅增加了身临其境的奇妙感觉。

该馆在数字技术的支持下，以互联网和虚拟技术为依托，与中国科协开发的中国数字科技馆联网，并引进其他省、自治区、直辖市及公司开发的数字科技馆资源，补充和拓展宁夏的科普教育资源。

3. 地址与联系方式等信息

地　　址：宁夏银川市金凤区人民广场西路

官　　网：http://www.nxkjg.com

咨询热线：0951−5085123

开馆时间：周三至周日

宁夏科技馆
官方微信公众号

（二）石嘴山市科技馆

1. 简介

石嘴山市科技馆坐落于宁夏回族自治区石嘴山市大武口区，建筑面积1.57万平方米，建筑风格采用了“天圆地方”的文化元素，2013年10月正式对外开放，2015 年对外免费开放。

石嘴山市科技馆是展示石嘴山市科技和人文精神、宣传当地科技发展进步的重要窗口，也是一座多功能、综合性的公益场馆。先后被评为“国家级科普教育基地”“自治区科普教育基地”“自治区雷锋志愿服务基地”等。

2. 主要展项或展区

科技馆展厅建筑面积 8000 平方米，展区分 2 层。布展主题为“自然 · 科技 · 人与社会”，以互动体验、科学实践、启迪思想、传播科学作为科技馆布展的基本方向。分为 9 大主题展区，1 层包括“自然展区”“临时展区”“山水林展区”“童心看世界”4 大展区；2 层包括“产业科技”“基础科学”“和谐家园”“禁毒教育宣传基地”“炫彩光世界”5 大展区。有展品、展项 251 件（套），其中互动体验型展品占 95% 以上。

馆内还设有动手实践区、4D 影院、多功能厅、会议室、实验室等。

石嘴山市科技馆依托常设展览开展主题月活动，如开展“小小讲解员”“科学趣聊吧”培训和“暑期科学夏令营”“机器人工作室”等活动。

3. 地址与联系方式等信息

地　　址：宁夏石嘴山市大武口区世纪大道北路 700 号

官　　网：http://www.szsskjg.org.cn

咨询热线：0952-2688032

开馆时间：周三至周日

石嘴山市科技馆
官方微信公众号

（三）吴忠市青少年科技馆

1. 简介

吴忠市青少年科技馆位于吴忠市图书馆 1 层和 4 层，展厅面积约 1200 平方米，2016 年对外免费开放。

2. 主要展项或展区

吴忠市青少年科技馆设置了“声光体验”“电磁探秘”“运动旋律”“数学魅力”“健康生活”“安全生活”“数字生活”7 个主题展区和“科学表演”“科学实验”“科普影视”“青少年科技创新作品”4 个表演展区。有展品、展项 70 余件（套）。

吴忠市青少年科技馆集科技展览、科普教育、互动娱乐为一体，着力打造吴忠市公众科普教育中心，以及资源共享的中小学教育第二课堂，打造弘扬科学精神、倡导科学方法、传播科学思想、普及科学知识的重要阵地。

3. 地址等信息

地　　址：吴忠市盛元西街与开元大道交会处北 100 米

开馆时间：周三至周日

本书出版时该馆暂未开通官方微信公众号

（四）固原市科技馆

1. 简介

固原市科技馆位于宁夏回族自治区固原市六盘山路北新街古雁岭，2012年一期工程破土动工，占地1750平方米。2016年在原馆东侧建设5800平方米的科技馆二期工程。科技馆2016年对外免费开放。

固原市科技馆主要功能是展览教育、培训教育和实验教育，其中以展览教育为核心，结合培训教育和实验教育。

2. 主要展项或展区

固原市科技馆展厅面积4612平方米，主要设有基础科学展厅、儿童互动体验展厅、科技与生活展厅、VR虚拟体验展厅、3D打印展厅、酷拍天下展厅、穹幕影院等。

基础科学展厅涵盖了趣味数学、经典物理等领域，把“像科学家一样思考”融入整个展厅，通过“神奇的力”“电的世界”“美妙的光”“声音的世界”等经典展品，使公众感受到科技的美妙与神奇，启发公众的思考。

儿童互动体验展厅主要适合14岁以下的儿童，展区设置了互动性很强的参与展项，拥有非常逼真的画面和音响效果，例如疾驰而过的汽车呼啸声、摩托车的引擎声和转弯时轮胎与地面摩擦而产生的震动感等。

3. 地址等信息

地　　址：宁夏固原市六盘山路北新街古雁岭

开馆时间：周三至周日

固原市科技馆
官方微信公众号

（五）中卫市科技馆

1. 简介

中卫市科技馆位于宁夏回族自治区中卫市沙坡头区应理南街，于 2012 年 3 月成立，2016 年 8 月，中卫市世纪花园中心会所 3 层用于中卫市科技馆新馆建设，建筑面积 0.19 万平方米，2016 年对外免费开放。

2. 主要展项或展区

科技馆展厅面积 1384 平方米，有各类科教展品 241 件、科普挂图 20 幅、科普展板 48 块。展示内容涉及物理、化学、数学、机械工程、信息技术等方面。

中卫市科技馆利用科普大篷车等下乡宣传，使更多的偏远地区、少数民族地区的青少年能够切身体验科技所带来的魅力，中卫市科技馆还承办了中国流动科技馆大型展览活动，并获全国优秀站点称号。

组织开展青少年科技创新大赛、机器人竞赛、科普剧展演等青少年科技活动，提高青少年科技竞赛水平和培养青少年科技创新能力。

3. 地址等信息

地　　址：宁夏中卫市沙坡头区应理南街

开馆时间：周三至周日

本书出版时该馆暂未开通官方微信公众号

三十、新疆维吾尔自治区

（一）新疆科技馆

1. 简介

新疆科技馆始建于1985年，位于新疆维吾尔自治区乌鲁木齐市新医路，建筑面积1.01万平方米，是新疆维吾尔自治区成立30周年十大献礼工程之一。新疆科技馆新馆改扩建工程作为自治区成立50周年重点基础设施建设项目，于2005年4月开工，2008年7月落成。新疆科技馆新馆是在原址和主楼结构不变的基础上进行改扩建的，新馆建筑面积2.66万平方米。其中，展厅面积1.11万平方米，会议培训面积0.86万平方米。工程总投资12195万元。

新疆科技馆新馆是一座集科普展教、学术交流和科技培训于一体，体现新疆科技文化特色，多功能、现代化的科技馆。2015年对外免费开放。

2. 主要展项或展区

新疆科技馆以“资源、创新、实践”为主题，既有体现国内外科技发展基础科学的经典展品，又有展现新疆主导产业科技发展现状与趋势的展品、展项。该馆共有展品、展项近400件（套），分4层布展。

1 层为临时展厅，主要引进展示国内外科技馆推出的重点巡展，以及科普小剧场、科技文化室。

2 层为科技乐园展厅，主要包括“虚拟世界、视听乐园、设计师的摇篮”等展品、展项。

3 层、4 层为新疆产业科技之光展厅，主要包括石油工业、人水和谐、人与健康、通信科技、气象科技、测绘科普地理信息、消防科普等内容。

3. 地址与联系方式等信息

地　　址：新疆维吾尔自治区乌鲁木齐市新医路 686 号

官　　网：http://www.xjstm.org.cn

咨询热线：0991－6386167

开馆时间：周三至周日

新疆科技馆官方微信公众号

（二）乌鲁木齐市科技馆

1. 简介

乌鲁木齐市科技馆位于新疆维吾尔自治区乌鲁木齐市青少年宫院内，总建筑面积 0.68 万平方米，2011 年 8 月正式开馆，2015 年对外免费开放。科技馆的主要功能是：展览教育、培训教育、学术交流。

该馆先后开展了“小小科普讲解员”培训班、“整点互动”“科普红包大拜年”等特色科普活动。

2. 主要展项或展区

科技馆展厅面积 3015 平方米，分 3 层布展，设有“探索奥秘”“科技与体验”“信息时代”“人类与自然”“生命与健康”5 个展区，有展品、展项 100 余件（套）。

1 层为“探索奥秘”展区和“科技与体验”展区，展示数学、力学、声学、光学、电磁学，以及交通、能源、航空等学科的科学原理。

2 层为“信息时代”展区、“人类与自然”展区、“生命与健康”展区，展示虚拟、仿真、环境、水利和生命健康等方面的知识。

3 层为临时展厅、报告厅、科普培训基地等。

3. 地址与联系方式等信息

地　　址：新疆维吾尔自治区乌鲁木齐市黑龙江路 1 号

数字科技馆：http://www.kjg.cdstm.cn

咨询热线：0990−6890677

开馆时间：周三至周日

乌鲁木齐市科技馆
官方微信公众号

（三）库尔勒科技馆

1. 简介

库尔勒科技馆位于新疆维吾尔自治区巴音郭楞蒙古自治州库尔勒市南市区延安路市民服务中心 C 区，展馆总面积约 0.6 万平方米，项目总投资约 5000 余万元。场馆于 2012 年 8 月投入建设，2014 年 12 月正式向大众开放，2016 年对外免费开放。

库尔勒科技馆是以展览教育为主要功能的公益性科普教育机构，其主要职能是通过常设和短期展览，以参与、体验、互动性的展品及辅助性展示手段，对公众进行科普教育、科技传播和科学文化交流活动。

2. 主要展项或展区

展厅共3层，面积2800平方米。以“生态·科技·发展·未来”为理念，以“主题先行·互动体验·寓教于乐”为设计原则，设置了“序厅”“科普报告厅”“儿童科学乐园”“科技与生活”“科学探秘”“魅力新梨城”“户外科普广场”7大区域，有展品、展项155件（套）。

展馆既提供了情境式互动学习与体验的条件，又体现了地方科技特色，反映了库尔勒浓厚的历史文化底蕴。

3. 地址与联系方式等信息

地　　址：新疆维吾尔自治区巴音郭楞蒙古自治州库尔勒市延安路市民服务中心C区

官　　网：http://www.kjg.xjkel.gov.cn

咨询热线：0996–2923923

开馆时间：周三至周日

库尔勒科技馆
官方微信公众号

（四）克拉玛依科学技术馆

1. 简介

克拉玛依科学技术馆位于新疆维吾尔自治区克拉玛依市文体中心东侧，

世纪大道以南，迎宾路以西。该馆占地面积2.54万平方米，建筑总面积6.1万平方米，高42米。2009年9月动工建设，2014年2月建设完成并开始布展，是一座突出克拉玛依市石油特色和城市发展规划的综合科技馆，2016年对外免费开放。

克拉玛依科学技术馆的建筑造型创意源自对石油油藏的地质构造特征的抽象演绎，主体造型意在表现富含石油的地层及象征能源的宝贵价值。南北对称的两座楼体成45°角呼应，与位于北座的圆形天幕影院相映生辉，表达出“游龙腾飞、托起能源之星”的意蕴。因建筑设计造型宏伟独特，已成为克拉玛依的新地标。

2. 主要展项或展区

克拉玛依科学技术馆展厅面积3.1万平方米，以“科学探索之梦”“石油产业发展之梦”“创建世界一流石油城市之梦”为体验主线，设有“科学探索”“石油科技”“城市规划”3大主题展厅和临时展厅、天幕影院、4D影院，展品、展项近300件（套）。

（1）“科学探索”展厅。分为A、B两厅，设有宇宙之奇、物质之妙、运动之律、声音之韵等8大展区。多种表现形式相结合的展品充斥着科学的基本原理，例如，与“门捷列夫”对话的展项，展现“元素周期律”的发现过程；自行设计运动路线的“小球旅行记”；“寻找自己”展项利用了多学科高新生物识别技术等。展厅以机械互动、视频演示、幻影成像等表现形式，围绕科学探索的若干重要方向搭建展览框架，营造探索与发现的科学实践情景，感受人类探索自然过程的震撼，启迪科学精神，让参观者融入科学实践的体验之中，享受探索过程的快乐和启发。

（2）“城市规划”展厅。设有衣食之本、健康之路、居家之道、信息之桥、交通之便、机械之桥6个主题展区。以百姓生活的衣食住行作为贯穿整个主题展厅的核心脉络，配合多样化、情景化、艺术化的展览形式，传播科技以人为本的观念，关注科技发展给社会生活带来的巨大改善，同时展现人类为应对共同的挑战所做出的探索和努力，让人们在参观和体验中进行思考和领悟，感受科技创新为人类带来的福祉和恩惠。

此外，“地球述说”“能源世界”“海洋开发”“太空探索”等展区，以“挑战—解决方案—未来”为线索，激励公众积极应对挑战，共创和谐未来。

该馆的常设主题展厅设计精巧、生动灵活。散落在馆内各层的公共空间展厅同样精彩，围绕“创新之美、和谐之美”的展示主题，与常设展厅“和而不同”，既互相呼应，又自成体系。“小球阵列”“生命螺旋”“机械旋律”“气泡成像”“时间之轮”等大型展品的设立，让参观的人们在美的环境中感受科技的魅力。

克拉玛依科技馆还成功承办了“自治区第五届青少年科技节”等重大活动。

3. 地址与联系方式等信息

地　　址：新疆维吾尔自治区克拉玛依市克拉玛依区世纪大道与迎宾路交叉口西南200米

咨询热线：0990-6890677

开馆时间：周三至周日

克拉玛依科学技术馆
官方微信公众号

（五）和田地区青少年科技馆

1. 简介

和田地区科技馆与和田地区青少年科技教育活动中心实行一个机构挂两块牌子的管理模式。该馆常设展厅面积1000平方米，展品、展项60余件

（套），2016年对外免费开放。

2. 主要展项或展区

该馆各楼层的布展情况如下。

1层设有“地球密码”“科技之光”“人体密码”“运动体验”等主题展区。

2层设有科学工作室、知识讲堂和计算机功能室等主题活动室。

3层放置流动科技馆展品，包含声、光、电、磁及机械原理等方面的展具、教具。

3. 地址等信息

地　　址：新疆维吾尔自治区和田地区和田市广场东路与建设路交叉路口向北约200米

开馆时间：周三至周日

本书出版时该馆暂未开通官方微信公众号

（六）吐鲁番青少年科学体验馆

1. 简介

新疆吐鲁番青少年科学体验馆始建于2016年3月，原址位于吐鲁番群众艺术馆地下1层，占地面积仅0.1万平方米，空间比较狭小，每次只能接待80人。2018年，吐鲁番青少年科学体验馆搬迁至吐鲁番市高昌区第八中学图书馆楼，新馆建筑面积0.4万平方米，于2018年9月对外免费开放。

2. 主要展项或展区

科技馆新馆由“科学探索一厅”“科学探索二厅”“地震小屋”“科技制作

室”“航模培训室”等组成。

有“机器人”“听话的小球”“雅各布天梯”“美丽的光环”“手眼平衡”“激光琴”和“节能减排”等展品、展项。

3. 地址等信息

地　　址：新疆维吾尔自治区吐鲁番市高昌区第八中学图书馆楼

开馆时间：周一至周六

本书出版时该馆暂未开通官方微信公众号

（七）阿克苏科技馆

1. 简介

阿克苏科技馆位于新疆维吾尔自治区阿克苏地区阿克苏市西大街，是在原地区博物馆基础上改扩建而成，建筑面积约0.53万平方米，投资3000万元，是集展示、教育、学习与交流等功能于一体的新型科技体验中心。2019年对外免费开放。

2. 主要展项或展区

以“科技·快乐·梦想”为主题，设有“科学乐园”“地震馆”“探索与发现”“科技与生活”4个主题展厅，特色阿克苏专题展厅和1个临时展厅，以及序厅和科普影院等，分3层布展，展厅面积4800平方米，有展品、展项122件（套）。

科技馆1层设有序厅、科学乐园、地震展馆。

1层左边是科学乐园展厅。该展厅以游戏活动为主，设置了“七彩生活”“了解自己”“安全岛”“科学城堡”“表演活动场”5个活动区域。公众可以在这里参与互动式游戏和简单的农作劳动，可以根据提供的施工图、各种建筑工具及大型建筑积木等材料，自己动手组装拆卸各种建筑、积木玩具等。

1层右边是“地震馆”。该展厅利用多种现代化技术手段，通过实物模型、互动展项、身临其境的震感体验，从逃生、防御等角度向公众传达地震科普知识、消防措施，让公众在体验中学习地震灾害中的逃生技巧和紧急救援方法，提高公众的防震减灾意识。

科技馆2层设有“探索与发现”“科技与生活”常设展厅。

2层左边是“探索与发现”主题展厅。该展厅按照人类社会发展过程中科学探索的主要内容，设置了“宇宙之奇”“物质之妙”“生命之秘”“运动之律”“声音之韵”“光影之绚”“数学之魅”7个活动区域。公众可以了解宇宙的组成和结构，对宇宙的浩瀚无垠与神秘感到敬畏；探索物质的元素性质、结构，以及能级跃迁、放射性元素衰变等过程，了解物理变化与化学变化的区别；亲身游历细胞世界，观察细胞的结构和功能，认识DNA与遗传，加深对生命微观机制的了解；感知牛顿三大定律的形成过程，以及重心、流体运动、振动、转动惯量、能量守恒与转化等内容，体验物体运动的规律。

2层右边是“科技与生活”主题展厅。该展厅围绕人类的社会生活，设置了“健康之路”“居家之道”“信息之桥”“交通之便”4个活动区域。各区域以百姓生活的衣食住行为脉络，把农业、自身生活健康、社会生活的信息交流、交通运输及创造生活的工具与机械等重要方面的科技内容串联起来，通过运用通信技术、计算机技术、软件技术、传感器技术、多媒体技术、虚拟现实技术、智能技术等方式和手段，丰富展览与展品的表现效果，使公众切身感受到科学技术在人类社会生活中的价值和地位。

科技馆3层主要是科普影院和办公区域。

3. 地址等信息

地　　址：新疆维吾尔自治区阿克苏地区阿克苏市西大街

开馆时间：周二至周日

本书出版时该馆暂未开通官方微信公众号

三十一、新疆生产建设兵团

石河子科技馆

1. 简介

石河子科技馆位于新疆生产建设兵团石河子市北三东路 2 号，2011 年开工建设，石河子科技馆与青少年宫馆宫合一，为一组建筑群，各有侧重，资源共享。石河子科技馆建筑面积 1.5 万平方米，是一座具有科学性、艺术性、知识性、趣味性和互动性为一体的综合性科技馆，也是石河子市标志建筑之一，2015 年对外免费开放。

2. 主要展项或展区

石河子科技馆分为 4 层，展厅建筑面积 4550 平方米。展馆以“体验科学 · 感悟创新 · 石城特色 · 和谐发展”为主题，以“主题先行 · 互动体验 · 寓教于乐”为设计原则。设有 6 个展区，以及科技表演秀剧场、4D 影院、学术报告厅、临时展厅等，有展品、展项 198 件（套）。

各层展区介绍如下。

1 层设有序厅、儿童科技乐园、儿童活动区、临时展厅、学术报告厅。其中，儿童科技乐园根据孩子的身心特点设置了“安全岛”“戏水园”“竞技场”3个主题展区，主要有互动自行车、模拟开飞机、模拟航海、虚拟足球射门、迷宫、水枪灭火、地震小屋等展品、展项；各种可以动手操作的实验器材和专门的游戏等让小朋友们来学习和体会。

2层设有“魅力科学”“绿色生活”展厅和4D影院。展示生物、化学、数学等学科知识，设置有关于运动规律、声光体验、电磁等知识的实验。

3层设有“科技兴石”“生命与健康”展厅。“科技兴石”展厅主要介绍科学技术在石河子发展中的应用，以及振兴石河子的过程，讲述石河子的科技发展历程。“生命与健康”展厅包括健康的饮食方式、人体奥秘等相关展区。

4层是科技馆管理和培训区域。

3. 地址等信息

地　　址：新疆石河子市北三东路2号

开馆时间：周三至周日

本书出版时该馆暂未开通官方微信公众号

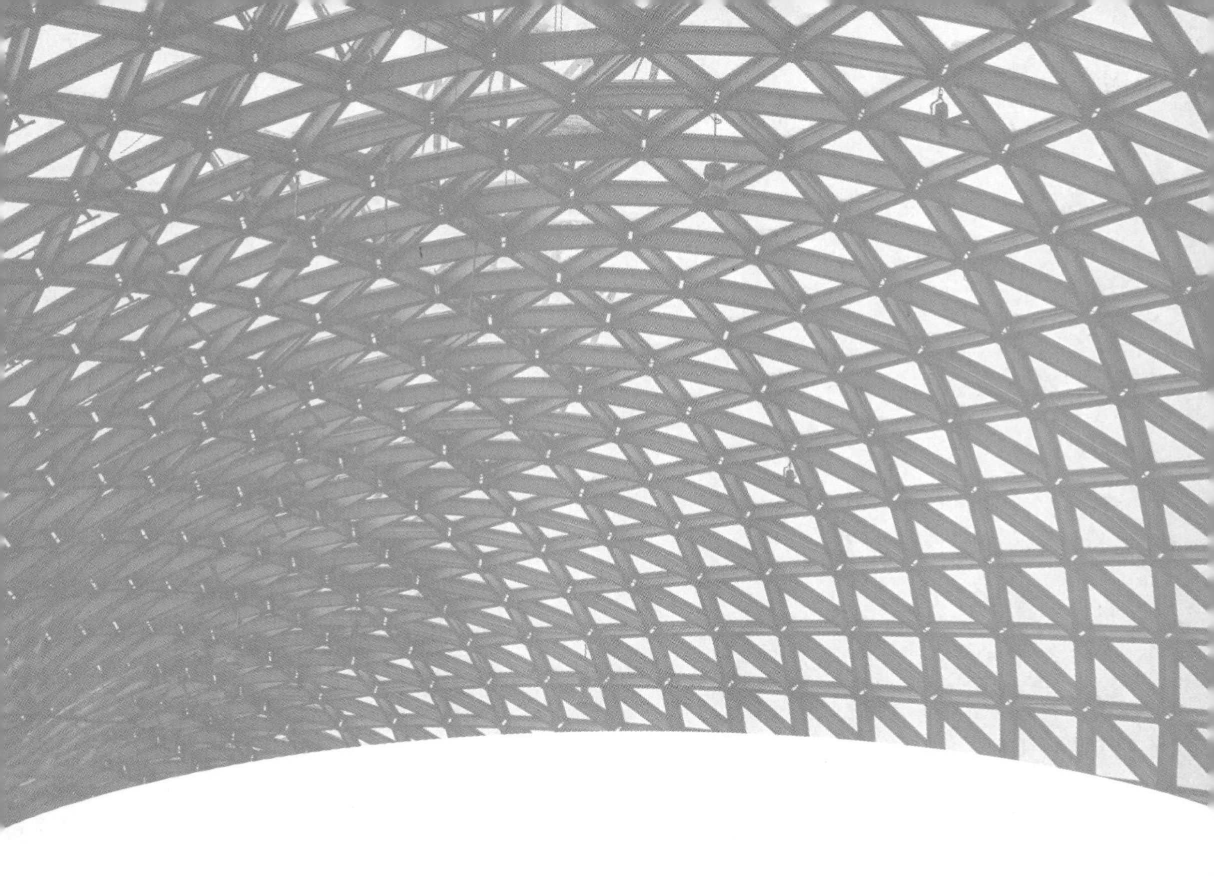

第二部分
暂时没有免费开放的著名科技馆和科学中心

一、中国科学技术馆[①]

1. 简介

中国科学技术馆是我国唯一的国家级综合性科技馆，是实施科教兴国、人才强国和创新驱动发展战略，提高全民科学素质的大型科普基础设施。中国科学技术馆的建设经历 3 次工程。一期工程 1988 年 9 月建成开放，二期工程 2000 年 4 月建成开放，新馆于 2009 年 9 月正式开放。

中国科学技术馆的建设和发展，始终得到党和国家领导人的高度重视和亲切关怀。1958 年周恩来总理批准筹建中国科学技术馆；1978 年邓小平同志亲自圈定同意建设中国科学技术馆，并于 1984 年为一期工程奠基题词；2000 年，江泽民同志为二期工程建成开放题词；2004 年，胡锦涛同志视察中国科学技术馆并与少年儿童欢度节日，并于 2010 年再次来馆与少年儿童欢度节日；2009 年，习近平同志来馆参加全国科普日北京主场活动，并于 2010 年再次来馆参加“六一”活动。

中国科学技术馆新馆位于北京市朝阳区北辰东路 5 号，东临亚运居住区，西濒奥运水系，南依奥运主体育场，北望森林公园。建筑面积 10.2 万平方米，其中展览面积 4 万平方米，展教面积 4.88 万平方米。

中国科学技术馆新馆建筑整体是一个体量较大的单体正方形，利用若干个积木般的块体相互咬合，使整个建筑既像一个巨大的鲁班锁，又像一个魔

① 本篇内容编写参考中国科技馆官网。

方，蕴含着“解锁”“探秘”的寓意。

2. 主要展项或展区

中国科学技术馆秉持“体验科学、启迪创新、服务大众、促进和谐”的理念，以激发科学兴趣、启迪科学观念为目的，设有五大主题展厅、公共空间展示区及 4 个特效影院。主题展厅有“华夏之光”“科学乐园”“探索与发现”“科技与生活”“挑战与未来”。特效影院有球幕影院、巨幕影院、动感影院、4D 影院。其中，球幕影院兼具穹幕电影放映和天象演示两种功能。此外，还设有多间实验室、教室、科普报告厅、多功能厅及短期展厅。

“华夏之光”主题展厅是一个系统、全面、综合展示中国古代科学技术的专题展厅。展览展示中国古代光辉灿烂的科技成就及其对中华民族乃至世界文明进步的重要作用，展示中国科技发展与世界文明的融合、交流与相互激荡，让观众在世界科技发展的宏观视角下感怀中华民族的智慧和创造。展厅面积 2300 平方米，有展品、展项 146 件（套）。展厅设置“中国古代的技术创新”“中国古代的科学探索”“华夏科技与世界文明的交流”3 大主题分区，以及“序厅”“体验空间”2 个功能分区。围绕不同主题，讲述古老的中华民族在生存发展中不断创造与发明、探索与发现的动人故事。

“科学乐园”主题展厅充分吸纳国内外先进的科学教育理念，遵从儿童身心发展规律，鼓励儿童善于观察、勇于探索，在快乐参与过程中获得直接经验。同时，将家长也作为重要受众群体，使家长在陪伴儿童的同时还能获得科学教育观念的提升。展厅面积 3900 平方米，展品、展项 128 件（套），目标观众为 3~8 岁儿童及陪同前来的家长。根据儿童认知发展的规律，按照“认识自己、亲近自然、了解社会、触摸科技”逐级展开的主题脉络，设置“人体探秘”“健康成长”“山林王国”“戏水港湾”“热闹城市”“角色体验”“机器伙伴”“神奇宇宙”8 个主题展区和 1 个科学秀场。

“探索与发现”主题展厅主要展示近代以来在基础科学领域的探索与发现成果，同时也体现了人类在探索科学历程中的科学思想和科学方法。包括A、B两个展厅。A厅设有“物质之妙”“光影之绚”“电磁之奥”“运动之律”“宇宙之奇”5个展区，还设有电磁表演和大气压强两个主题的常设实验表演，以及高压放电的定时演示项目，供公众选择观看。B厅设有“数学之魅”“声音之韵”“生命之秘”3个展区。多种多样的展现形式和互动手段可以让观众在参观体验的过程中领略科学精神，享受探索与发现的乐趣。

“科技与生活”主题展厅包括A、B、C、D 4个展厅。各展厅展项紧密围绕与我们生活息息相关的衣、食、住、行，展示了现代科技是如何影响和改变人们的日常生活的，以及在生活中孕育着的科技创新与发展。A厅设有“衣食之本”“健康之路”“气象之旅”3个展区。B厅“居家之道”展区向公众介绍了日常家居中的科技。C厅“信息之桥”展区展示了信息技术的发展历程及信息技术进步给人们生活带来的改变与影响。D厅设有“交通之便”“机械之巧”两个展区。

“挑战与未来”主题展厅包括A、B两个展厅。A厅设有“地球述说”“能源世界”“新型材料”3个展区，向观众介绍了地球面临的各类环境问题和危机，以及为应对各种危机在新能源开发和新材料应用方面的科技成就。A厅还设有能源实验室，演示精彩的低温液氮实验及神奇的超导磁悬浮现象。B厅设有“基因生命”“海洋开发”“太空探索”3个展区，向观众介绍基因工程、海洋及海洋资源的开发利用，以及太空探索等方面的科技成就。B厅还设有海洋表演台，开展与水的性质及特点有关的实验表演。

中国科学技术馆在开展基于展览的教育活动同时，还组织各种科学实践和培训实验，让公众通过亲身参与，加深对科学与技术的理解和感悟，激发对科学的兴趣和好奇心，在潜移默化中提高科学素质。

中国科学技术馆还肩负着示范引领全国科技馆事业发展的重任，“中国流动科技馆”“科普大篷车”“农村中学科技馆”“中国数字科技馆”等科普服务品牌历经创立、发展和融合，为中国特色现代科技馆体系建设奠定了坚实的基础。

3. 地址与联系方式等信息

地　　址：北京市朝阳区北辰东路5号

官　　网：https://cstm.cdstm.cn

咨询热线：010-59041000

开馆时间：周二至周日

中国科学技术馆
官方微信公众号

二、上海科技馆[①]

1. 简介

上海科技馆坐落于上海市浦东新区行政文化中心的世纪广场，占地面积6.8万平方米，建筑面积10.06万平方米，2001年12月开放一期展览，2005年5月开放二期展览。它是上海市政府为在新世纪提高城市综合竞争力和市民素质而投资兴建的重大公益性社会文化项目。

上海科技馆的建筑呈西低东高、螺旋上升的不对称结构，寓意着自然历史和人类文明的演进方式。整个建筑分为3部分：西侧是一个由低到高逐步递增的扇形空间；中部是透明的玻璃卵形大堂和中央的黄色球体，象征着宇宙的无垠、生命的孕育；东侧是4层的框架结构。整个结构体现了崛起、腾飞、不断发展的动感及科技馆所肩负使命的厚重感。

2. 主要展项或展区

上海科技馆以科学传播为宗旨，以科普展示为载体，围绕“自然·人·科技”的主题，设有11个常设展厅：“地壳探秘”“智慧之光”“设计师摇篮”“地球家园”“信息时代”“机器人世界”“探索之光”“人与健康”“宇航天地”“生物万象”“彩虹儿童乐园”；2个特别展览：“蜘蛛”“动物世界”；2个浮雕长廊：“中国古代科技”“中外科学探索者”；中国科学院和中国工程院

① 本篇内容编写参考上海科技馆官网。

院士信息墙；由“巨幕”“球幕”“四维”“太空”4大特种影院组成的科学影城。

上海科技馆的每个展区都是一个人们关注的社会话题；每个展品都是一个引人入胜的互动游戏，大到宇宙苍穹，小到细胞基因。科学基本原理和重大科技成果都能在这里得到生动形象的展示，引发公众探索自然与科技奥秘的兴趣，让公众在休闲娱乐中得到启迪。

上海科技馆已经成为上海市最主要的科普教育基地和精神文明建设基地，成为深受青少年和公众欢迎的国家一级博物馆、国家AAAAA级旅游景点和国内外游客喜爱的上海特色文化地标。

3. 地址与联系方式等信息

地　　址：上海市浦东新区世纪大道2000号

官　　网：http://www.sstm.org.cn

咨询热线：021-68622000-6888

开馆时间：周二至周日

上海科技馆
官方微信公众号

三、广东科学中心 ①

1. 简介

广东科学中心坐落于广东省广州市番禺区大学城，是大型综合性科普场馆，具有科普教育、科技成果展示、国际学术交流和科普旅游四大功能。

广东科学中心于 2008 年 9 月建成开放，占地面积 45 万平方米，建筑面积 14.07 万平方米。通过吉尼斯世界纪录认证，被授予“世界最大的科技馆 / 科学中心”称号，是我国绿色建筑的代表工程、广东省科技成果展示的重要窗口和广州市的城市名片。

广东科学中心整体建筑在设计上充分考虑了科技与广州地域的特点，把广州市花木棉花和航空母舰的造型综合起来，形成了一艘造型奇特的“木棉花形状的科技航母”。在西面水体的映衬之下，整体建筑犹如一艘“科技航母”，向前远行，又寓意着广东科技的发展勇往直前，永不停歇；从空中俯瞰，它又变成一朵在蓝天下怒放的巨大“木棉花”；主体建筑入口处的“科学之眼”寓意着科学发现的奥秘。整合起来看，这个建筑蕴含科技先锋、乘风破浪、灵动人文和吉祥如意 4 种寓意。

2. 主要展项或展区

馆内设有 12 个常设主题展馆、多个临时专题展区、4 座科技影院（IMAX

① 本篇内容编写参考广东科学中心官网。

3D 巨幕影院、4D 影院、三维影院和虚拟航行动感影院）。融自然、科技和艺术为一体的室外科学探索乐园拥有 8 万平方米生态湖、2000 多种岭南特色植物和数十个室外展项。

12 个常设主题展馆分别为“低碳 & 新能源汽车”“人与健康”“绿色家园”“创新空间”“数字乐园”“材料园地”“交通世界”“儿童天地”“实验与发现”“岭南科技纵横”“飞天之梦”“感知与思维”。有展品、展项600余件（套）。

广东科学中心针对儿童家庭、青少年、成年人和老年人的需要分别推荐了参观路线。

广东科学中心获得“全国科普教育基地”“国家 AAAA 级旅游景区”“国际创意科学传播奖”“国际创意科学展项奖”等荣誉。成功举办亚太科学中心协会（ASPAC）年会、全国青少年科技创新大赛、全国科普讲解大赛等大型活动，开展了小谷围科学讲坛、珠江科学大讲堂、科学探究营地、创意机器人特训营等各类科普活动；与英国科学博物馆集团合作开发了“超级细菌展”，从美国、英国、瑞士、意大利、加拿大引进了“星球奇境展”“世界上最大的恐龙展”“数字革命展”“爱因斯坦展”“达·芬奇的科学密码展”等，自主研发了“人与健康”“走近诺贝尔奖”“科学观察工具”和“动漫的奥秘”等展览；发起成立了粤港澳大湾区科技馆联盟、广东省科技馆研究会和广州科普联盟三大平台。

3. 地址与联系方式等信息

地　　址：广东省广州市小谷围大学城科普路168 号

官　　网：http://www.gdsc.cn

咨询热线：020-39348080

开馆时间：周二至周日

广东科学中心
官方微信公众号

四、宁波科学探索中心 ①

1. 简介

宁波科学探索中心坐落于浙江省宁波市东部新城中央走廊的宁波文化广场内，是一家主题乐园式的大型科技馆，总建筑面积约 5.5 万平方米，2014 年正式对外开放。

宁波科学探索中心是以“探索”为主题的大型互动式体验科普场馆，通过“对自然环境探索”和“对人本探索”两条支线进行演绎，在注重科学知识普及的同时，激发人们对科学的探索欲望。设置有常设展厅、临时展厅、球幕影院、报告厅、多功能厅等极具特色的体验展示空间，有 420 余个科学互动展项，组织形式丰富的科普教育活动。

2. 主要展项或展区

宁波科学探索中心的展示内容始终围绕“人 · 探索”这一核心，设有“海洋”“和谐家园”“宇宙”“人体与脑”“人的技能”“科学的乐趣”6 大主题常设展厅，6 大展厅的展品、展项绝大部分为国内首次出现，极具互动性和体验性。通过参与互动、情景体验等主要方式，让参观者在玩乐游戏的过程中，体验科学的美妙与神奇，启发公众发现并获得开启科学大门的钥匙。

“海洋”展厅位于 2 层西面，面积约 2185 平方米，有 54 件（套）展品、

---

① 本篇内容编写参考宁波科学探索中心官网。

展项。展厅分为 8 个展区，以与海洋相关的科学技术作为展览的贯穿，选取最能突出海洋魅力特征的主题进行展示，展现了人类在认识海洋、探索海洋、利用海洋过程中所使用的科学技术和原理。

“和谐家园”展厅位于 2 层东面，面积约为 2031 平方米，有 62 个展品、展项。以“碳足迹”为线索，按照“衣、食、住、行、用”等日常生活细节将展厅分成 6 个特色展区，通过展示人类的生存环境现状和我们的日常生活对环境的影响，使参观者了解这些现象与结果背后的科学原理和技术，在体验中感悟和谐家园的创建和维护应从我们每一个人、每一个家庭的生活做起。

“宇宙”展厅位于 2 层南面，面积约 2500 平方米。本展厅着眼于天文学和天文科技，通过沉浸式的环境设计及有意义的互动展品，展示人类探索宇宙的历程，使参观者了解相关的宇宙科学和航天科技知识，感受宇宙的浩瀚和神秘，激发其对宇宙科学探索的乐趣。

“人体与脑”展厅位于 3 层西面，面积约 2353 平方米。展厅内设有生命周期实验间、免疫能力实验间、感官实验间、大脑实验间、耐力实验间、力量与敏捷度实验间 6 大实验间，实验间打破了传统生理科学的讲解模式，让参观者可以从自己的兴趣点出发，探索健康科学。

“人的技能”展厅位于 3 层东面，面积约 2181 平方米，有 62 个展品、展项和 2 个布展元素，互动展项达 80%。展厅分为 8 大展区，以对人类能力的理解、能力的重新发现与发展为设计理念，让参观者在互动体验中发现自己的能力，了解自己能力的无限可能性，进而拓展自己的能力，并重新审视今后的努力方向。

“科学的乐趣”展厅位于 3 层南面，面积约 2428 平方米，由世界知名设计公司台湾御匠倾力打造。展厅以基础科学知识和理论为主线，以有趣及吸引公众的展示为设计导向，以社会热点、前沿科技为引导，集中展示物理学、化学、数学、仿生学、刑侦科学等学科的原理及其应用。

宁波科学探索中心不仅拥有丰富的科普展览展示资源，而且为广大青少年提供丰富多彩的科普教育活动与课程。“科学玩家”就是科探中心系列科普教育活动和课程的专业品牌，是浙江省内第一个以科技馆为实践基地的培训机构，其科学课程极具特色，填补了宁波市科技类培训项目的空白。通过提倡充满乐趣的“玩中学”，以“STEAM”教育为核心，为青少年带来不一样的授课体验，提升孩子们的全方位素质。

宁波科学探索中心常设展厅免费开放，个人来中心参观实行“网络实名制预约”。

3. 地址与联系方式等信息

地　　址：宁波市鄞州区宁穿路1800号（宁波文化广场Ⅲ区）

官　　网：http://www.nbsec.org

咨询热线：0574-87038000

开馆时间：周二至周日

宁波科学探索中心
官方微信公众号

附 录

附录一：参观免费科技馆小贴士

本书整理了一些参观科技馆的必要知识、参观技巧、注意事项等，以下做了简单介绍，旨在帮助读者参观科技馆有更加充分的准备和更大的收获。

1. 了解科技馆的概况

参观科技馆之前要通过阅读该馆的《参观指南》、浏览该馆的网站、查阅该馆的 App 等方式了解科技馆的概况，诸如科技馆展厅平面图，特色展品、展项或活动，建议参观路线，以及免费参观预约要求、收费项目清单和交通、餐饮等信息。对于需要了解服务内容和有特殊服务要求的观众，还要提前了解科技馆所提供的相关服务等情况。团体参观以及参加科技馆开展的科普活动，也要了解相关预约服务中的具体事项。

2. 用好预约服务

免费开放科技馆一般实行免费不免票制度，免费部分通常包括常设展厅、临时展览、公共服务区域和科普活动。巨幕影院、4D 影院、XD 影院等往往要收费，但有的免费科技馆巨幕影院不收费。参观者要通过互联网（科技馆的官方网站或者 App 等）或电话等预约。预约成功后，科技馆会把电子票发送到您的邮箱或手机 App 中。请您把电子票存入手机或其他可出示的电子产品中，到消费地点出示即可。

提前阅读预约须知：一是注意开馆时间，多数科技馆是星期二至星期日（或星期三至星期日）9:30—17:00 开馆。二是注意预约时要按照要求留下您的电子邮箱地址等联系方式，以便接收电子票。三是确认出票时间。科技馆一般只免门票和一些主要展览活动费用，如果有个人自费项目，需要提前了解情况。

3. 做好交通准备

去参观科技馆的交通方式是不能忽视的问题，一定要提前做好功课。建议通过科技馆官方网站或 App 等查询相关交通信息，选择自驾或乘坐公共交通工具。一是了解停车场情况，诸如车位数量、收费标准、营业时间等。二是了解公共交通工具的通达情况。

4. 谁去科技馆

参观科技馆的观众主要有：学龄前儿童、各年龄段学生、单独前往的成年人和老年人、陪同儿童前往的成年人和老年人、馆校结合等科普活动的参加者、有组织的集体参观者，等等。其中，学龄前儿童、低年级小学生一定要有家长或老师陪同。

5. 参观什么

一是参观对应年龄段的展品、展项、展区，如儿童乐园。二是参观最感兴趣的展品、展项、展区，如青少年愿意去的高新技术互动展区。三是试试科技馆建议的常规参观路线。四是到现场听听院士等专家所做的科普报告。五是参加丰富多彩的临时展览或者科技周、科普日期间组织的各类科普活动。

要根据参观者的兴趣、爱好和需要决定参观什么展品、展项或者参加什么科普活动。如学龄前儿童和低年级小学生一般以参观儿童乐园为主，同时可以参与一些适合少儿参加的科普活动，或者在大人陪同下到巨幕影院、4D 影院、XD 影院看电影。

参观时，要注重故事线引领，按顺序参观，形成科学故事闭环，领略或了解故事中的知识，感受知识中的精神——科学精神。

6. 用好 App

参观前最好查阅科技馆官方网站并下载 App，了解需要掌握的信息和需要预约、预定的事项，并提前完成预约、预定。参观中利用 App 关注展品、展项，提升参观效果。也可以应用科技馆的参观辅助设备，如讲解器，即时收听相关展品、展项的解说资料和一些互动展品的操作互动指南等。

7. 关注安全须知和看电影的注意事项

一是要特别关注安全须知信息，按照要求参观，以免造成不必要的安全事故。二是关注在巨幕影院、4D 影院、XD 影院看电影的注意事项，如一般会禁止饮食、摄影、摄像、录音，禁止使用会发出声光的设备，影片开始放映后禁止入场、退场、换座位，禁止将大件行李、童车带入影院，等等。

8. 其他应该关注的问题

是否有讲解员讲解？科技馆一般提倡自由参观，如果参观中有问题，可咨询展厅内的工作人员和科普志愿者。

是否有推荐的参观路线？科技馆一般没有特别的参观路线，有的科技馆在官方网站或参观指南中列出了建议参观路线以供参考，但观众进行自由参观的比较多。

是否设有餐厅、咖啡厅和能买到文创产品的商店等？

是否提供无障碍设备？

附录二：关于全国科技馆免费开放的通知

关于全国科技馆免费开放的通知

科协发普字〔2015〕20号

各省、自治区、直辖市、计划单列市科协、党委宣传部、财政厅（局），新疆生产建设兵团科协、党委宣传部、财务局：

为贯彻落实党的十八大提出的“普及科学知识，弘扬科学精神，提高全民科学素养”精神，充分发挥科技馆在提高公民科学素质中的重要作用，深入实施全民科学素质行动计划，积极培育和践行社会主义核心价值观，现就全国科技馆免费开放工作有关事宜通知如下。

一、科技馆免费开放的重要意义

科技馆是普及科学技术知识、倡导科学方法、传播科学思想、弘扬科学精神，提高全民科学素质的重要公共设施。推动科技馆免费开放，是全面贯彻落实党的十八大精神，向公众提供公平均等科普公共服务的重要内容，对于提高我国全民科学素质，丰富人民群众精神文化生活，建设创新型国家、文化强国、美丽中国，推进社会主义核心价值观建设具有重大意义。

各地区、各有关部门要统一思想，提高认识，积极行动，切实把科技馆免费开放工作做实、做细、做好，为公众提供更多、更好的科普公共产品和服务。

二、科技馆免费开放的工作原则

（一）分步实施，逐步完善

把推进科技馆免费开放作为改善文化民生、丰富城乡基层人民群众精神文化生活的重要任务，立足长远发展，分步实施，逐步健全完善科技馆基本公共服务项目，增强科技馆公共科普服务能力。

（二）坚持公益，保障基本

科技馆免费开放是国家的重要惠民举措。对与科技馆功能相适应、体现科技馆特点的基本科普公共服务项目，实行免费开放。对于非基本服务项目，要坚持公益性，降低收费标准，不得以营利为目的。

（三）深化改革，创新机制

要按照中央关于推进事业单位分类改革的总体部署，推动科技馆管理体制和运行机制创新，改进内部管理，创新服务方式，提高运营效率。以免费开放为重要契机，加强科技馆能力建设和制度建设，促进服务能力明显提高，为提高全民科学素质发挥重要作用。

（四）统筹协调，分工负责

中国科协、中宣部、财政部共同推动科技馆免费开放工作。中国科协主要负责组织实施和业务指导；中宣部负责统筹指导，协调各有关部门解决推进免费开放工作中的重大问题；财政部主要负责安排中央财政补助资金。各地和各有关部门积极组织实施，加强对免费开放工作方案的制度设计和科学研究，保证免费开放工作有序开展。

（五）扩大宣传，树立形象

免费开放的根本目的是保证广大公众享有科普公共服务的权益。各级宣传部门要充分发挥职能，联合各级科协加强科技馆免费开放的宣传工作，通过形式多样的宣传，吸引更多公众走进科技馆，了解科技馆的功能和作用，积极参与科技馆的活动，享受更多更好的科普公共服务，同时树立科技馆的良好社会形象。

三、科技馆免费开放的实施范围和实施步骤

（一）科技馆免费开放的实施范围

免费开放的科技馆应是科协系统所属的具备基本常设展览和教育活动条

件，并配套有一定的观众服务功能，能够正常开展科普工作，符合国家有关规划并由相关部门批准立项建设的县级（含）以上公益性科技馆。

（二）科技馆免费开放的实施步骤

2015年，结合科技馆的运行状态，原则上常设展厅面积1000平方米以上，符合免费开放实施范围的科技馆实行免费开放。

2016年以后，鼓励和推动符合免费开放实施范围的其他科技馆实行免费开放。

四、科技馆免费开放的内容和要求

（一）科技馆免费开放的内容

科技馆免费开放的科普公共服务内容主要包括：

1. 常设展厅等公共科普展教项目；

2. 科普讲座、科普论坛、科普巡展活动等基本科普服务项目；

3. 体现基本科普公共服务的相关讲解、科技教育活动，以及卫生、寄存、参观指引材料等基本服务项目。

（二）科技馆免费开放的要求

1. 取消常设展厅的门票收费；

2. 取消科普讲座、科普报告等活动的门票收费；

3. 取消辅助性服务如参观指南、卫生设施、物品寄存及休息查阅等服务收费；

4. 降低非基本科普公共服务的收费，如特效影院、高端培训、餐饮、纪念品销售等；

5. 维护好科技馆的公益性质，不得以拍卖、租赁等任何形式改变科技馆常设展厅用途；

6. 加大免费开放的宣传力度，在当地主流媒体公示免费开放内容，扩大免费开放知晓度，吸引广大公众参观；

7. 加强在窗口接待、导引标识系统、资料提供以及内容讲解等方面提供优质服务；

8. 制定免费开放后应对突发事件的应急预案和处置机制，充分考虑免费开放后观众量短时间内急剧增加，对科技馆的管理、运行造成的巨大压力，科学测定科技馆的接待能力，建立每日参观人数总量控制和疏导制度，确保免费开放后的公众安全、资源安全及设施设备安全。

五、科技馆免费开放的保障机制

（一）加强组织保障

在各级党委、政府的领导下，各级科协、各级宣传和财政部门要加强对科技馆免费开放工作的组织领导，将科技馆免费开放作为提高公民科学素质的重要举措，纳入公共文化服务体系建设，纳入重要议事日程。要建立统筹协调、密切配合、分工协作的工作机制，及时制订各地科技馆免费开放工作方案，做好科技馆免费开放的组织实施和管理工作。

（二）建立完善经费保障机制

各级财政部门要将科技馆免费开放所需经费纳入财政预算，切实予以保障。中央财政安排补助资金，对地方科技馆免费开放所需资金给予补助，主要用于科技馆免费开放门票收入减少部分、绩效考核奖励、运行保障增量部分、展品更新等方面。地方财政部门要承担相应职责，保障当地科技馆免费开放的资金投入。

（三）建立完善绩效考核制度

各级科协、各级宣传部门和财政部门分别侧重从社会服务、资金使用、运行管理等方面，对各单位免费开放实施情况进行督促检查和考评，提高经费管理水平和资金使用效益，同时对免费开放中出现的问题和困难及时沟通并协调解决。中国科协、中宣部、财政部对绩效考核为优秀的科技馆进行表扬和奖励，支持其进一步提升服务能力。

（四）加强管理，完善科普公共服务功能

各地要按照《科普基础设施发展规划（2008—2010—2015）》和《科学技术馆建设标准》的有关要求，积极推动当地科技馆的健康发展，避免超标建设，不断规范展教内容，明确管理要求，整合业务流程，合理调配资源，转变运行方式，提高服务效能。应准确把握免费开放后公众及其科普需求呈现出多层次、多方面、多样式的特点，根据实际情况制定各科技馆的免费开放运行管理办法，不断拓展服务领域、方式和手段，全面增强科普辐射力，提供更加人性化的科普公共服务设施和项目，促进科技馆科普公共服务能力的提升。

中国科协　中宣部　财政部

2015 年 3 月 4 日

附录三：219 家免费开放科技馆名录

219 家免费开放科技馆名录

省、直辖市、自治区	科技馆名称	免费开放时间	数量 / 家
北京市	北京科学中心	2019	1
天津市	天津科学技术馆	2015	2
	武清区科技馆	2019	
河北省	河北省科学技术馆	2015	6
	张家口市科技馆	2015	
	邯郸市科学技术馆	2016	
	馆陶县科学技术馆	2019	
	阜城科学技术馆	2019	
	遵化市科技馆	2019	
山西省	山西省科学技术馆	2015	1
内蒙古自治区	内蒙古自治区科学技术馆	2015	25
	呼伦贝尔市科技馆	2016	
	鄂尔多斯市科技馆	2016	
	巴彦淖尔市青少年科技馆	2016	
	阿拉善盟科技馆	2019	
	和林格尔县科技馆	2018	
	莫力达瓦达斡尔族自治旗科技馆	2019	
	兴安盟科尔沁右翼前旗科技馆	2019	
	正蓝旗青少年活动中心科技馆	2019	
	鄂尔多斯市东胜区科技馆	2015	

续表

省、直辖市、自治区	科技馆名称	免费开放时间	数量/家
内蒙古自治区	鄂尔多斯市准格尔旗科技馆	2019	25
	巴彦淖尔市乌拉特前旗科技馆	2019	
	巴彦淖尔市乌拉特中旗科技馆	2018	
	巴彦淖尔市乌拉特后旗青少年科技馆	2018	
	巴彦淖尔市杭锦后旗青少年科技馆	2019	
	满洲里市扎赉诺尔区儿童科技馆	2015	
	土默特左旗青少年科技馆	2019	
	扎鲁特旗科学技术馆	2019	
	通辽市科尔沁左翼中旗科技馆	2019	
	通辽市科尔沁左翼后旗科技馆	2019	
	奈曼旗科学技术馆	2019	
	正镶白旗科技馆	2019	
	兴和县科技馆	2019	
	商都县科技馆	2019	
	察右中旗科协青少年科技馆	2019	
辽宁省	辽宁省科学技术馆	2015	8
	鞍山科技馆	2015	
	营口市科学技术馆	2015	
	阜新市科技馆	2015	
	辽阳市科技馆	2015	
	铁岭市科学馆	2015	
	朝阳市科学技术馆	2015	
	葫芦岛市科学技术馆	2015	

续表

省、直辖市、自治区	科技馆名称	免费开放时间	数量 / 家
吉林省	吉林省科技馆	2016	5
	延边朝鲜族自治州科技馆	2016	
	集安市科技馆	2016	
	梅河口市科技馆	2019	
	抚松县科学技术馆	2019	
黑龙江省	黑龙江省科学技术馆	2015	8
	哈尔滨科学宫	2015	
	齐齐哈尔市科技馆	2017	
	大庆市科学技术馆	2016	
	绥化市科技馆	2015	
	伊春市科技馆	2015	
	北安市科技馆	2016	
	抚远市科技馆	2017	
上海市	松江区科技馆	2015	1
江苏省	南京科技馆	2015	11
	南通科技馆	2015	
	盐城市科技馆	2015	
	泰州科技馆	2018	
	扬州科技馆	2016	
	宜兴科技馆	2018	
	新沂科技馆	2018	
	太仓科技馆（太仓市科技活动中心）	2019	

续表

省、直辖市、自治区	科技馆名称	免费开放时间	数量 / 家
江苏省	东海科技馆（东海县青少年科技活动中心）	2015	11
	盱眙县铁山寺天文科技馆	2018	
	金湖科技馆	2018	
浙江省	浙江省科技馆	2015	7
	中国杭州低碳科技馆	2015	
	温州科技馆	2015	
	嘉兴市科技馆	2015	
	绍兴科技馆	2015	
	湖州市科技馆	2015	
	杭州市余杭区科技馆	2015	
安徽省	安徽省科学技术馆	2015	13
	合肥市科技馆	2015	
	淮北市科学技术馆	2018	
	安徽省蚌埠市科学技术馆	2015	
	滁州市科技馆	2016	
	马鞍山市科技馆	2017	
	芜湖科技馆	2015	
	铜陵市科学技术馆	2015	
	池州市科学技术馆	2015	
	安庆科学技术馆	2015	
	来安县科技馆	2018	
	金寨县科技馆	2018	
	桐城市科技馆	2018	

续表

省、直辖市、自治区	科技馆名称	免费开放时间	数量 / 家
福建省	福建省科学技术馆	2015	7
	福州科技馆	2015	
	泉州市科技馆	2015	
	漳州科技馆	2015	
	三明市科技馆	2015	
	晋江市科技馆	2015	
	厦门市同安区科技馆	2015	
江西省	江西省科学技术馆	2016	4
	赣州科技馆	2017	
	上饶市科技馆	2015	
	吉安市科技馆	2019	
山东省	山东省科技馆	2015	19
	青岛市科技馆	2016	
	潍坊市科技馆	2015	
	济宁科技馆	2015	
	临沂市科技馆	2015	
	东营市科技馆	2015	
	威海市科学技术馆	2015	
	泰安市科技馆	2016	
	滨州市科技馆	2017	
	聊城市科技馆	2019	
	曹县科技馆	2016	

续表

省、直辖市、自治区	科技馆名称	免费开放时间	数量 / 家
山东省	高密市科技馆	2018	19
	东营市垦利区科技馆	2018	
	莱州市科技馆	2018	
	无棣县科技馆	2018	
	菏泽市定陶区科技馆	2018	
	沂水县科技馆	2018	
	单县科技馆	2019	
	郯城县科技馆	2019	
河南省	郑州科学技术馆	2015	13
	洛阳市科学技术馆	2015	
	平顶山市科技馆	2019	
	焦作市科技馆	2015	
	许昌市科技馆	2019	
	南阳市科学技术馆	2017	
	永城市科学技术馆	2015	
	济源市科技馆	2015	
	汝阳县科技馆	2018	
	宝丰县科技馆	2019	
	西峡县科学技术馆	2019	
	唐河县科技馆	2019	
	方城县科学技术馆	2018	

续表

省、直辖市、自治区	科技馆名称	免费开放时间	数量 / 家
湖北省	武汉科学技术馆	2016	10
	黄石市科学技术馆	2015	
	十堰市科学技术馆	2015	
	荆州市科学技术馆	2015	
	襄阳市科技馆	2015	
	荆门市科技馆	2015	
	黄冈市科技馆	2016	
	保康县科技馆	2015	
	红安县科技馆	2017	
	浠水县科技馆	2015	
湖南省	湖南省科学技术馆	2015	6
	常德市科学技术馆	2016	
	岳阳市科技馆	2015	
	衡阳市科技馆	2017	
	邵阳市科技馆	2019	
	辰溪县科学技术馆	2019	
广东省	惠州科技馆	2015	10
	东莞科学馆	2015	
	韶关市科技馆	2015	
	河源市科技馆	2015	
	阳江市科技馆	2017	
	深圳市科学馆	2015	

续表

省、直辖市、自治区	科技馆名称	免费开放时间	数量 / 家
广东省	深圳市宝安科技馆	2019	10
	和平县科技馆	2019	
	阳西县科学馆	2019	
	阳山县科技馆	2019	
广西壮族自治区	广西壮族自治区科学技术馆	2015	4
	柳州市科技馆	2015	
	防城港市科技馆	2015	
	南宁市科技馆	2018	
重庆市	重庆科技馆	2015	3
	江津区科技馆	2017	
	万盛科技馆	2016	
四川省	四川科技馆	2015	6
	达州科技馆	2019	
	阿坝州青少年科技馆	2018	
	通江县科技馆	2017	
	宁南县科技馆	2018	
	芦山县科技馆	2016	
贵州省	贵州科技馆	2015	3
	遵义市科技馆	2018	
	毕节市科学技术馆	2015	
云南省	云南省科学技术馆	2015	9
	曲靖市科学技术馆	2017	

续表

省、直辖市、自治区	科技馆名称	免费开放时间	数量/家
云南省	楚雄州科学技术馆	2017	9
	普洱市科技馆	2016	
	丽江市科技馆	2018	
	临沧市科技馆	2018	
	石林彝族自治县民族科技馆	2018	
	澜沧拉祜族自治县科技馆	2018	
	禄丰县科学技术馆	2018	
西藏自治区	西藏自然科学博物馆	2015	1
陕西省	陕西科学技术馆	2015	3
	延安科技馆	2016	
	榆林市科学技术馆	2016	
甘肃省	甘肃科技馆	2018	8
	金昌市科技馆	2015	
	张掖市科技馆	2016	
	正宁县科技馆	2018	
	高台县科技馆	2018	
	凉州区科技馆	2018	
	永靖县科技馆	2018	
	庆城县科技馆	2019	
青海省	青海省科学技术馆	2015	3
	果洛州科技馆	2016	
	德令哈天文科普馆	2017	

续表

省、直辖市、自治区	科技馆名称	免费开放时间	数量 / 家
宁夏回族自治区	宁夏科技馆	2015	6
	石嘴山市科技馆	2015	
	吴忠市青少年科技馆	2016	
	固原市科技馆	2016	
	中卫市科技馆	2016	
	盐池县科技馆	2015	
新疆维吾尔自治区	新疆科技馆	2015	15
	乌鲁木齐市科技馆	2015	
	库尔勒科技馆	2016	
	克拉玛依科学技术馆	2016	
	和田地区青少年科技馆	2016	
	吐鲁番青少年科学体验馆	2017	
	阿克苏科技馆	2019	
	伊宁市科技馆	2015	
	叶城县科技馆	2017	
	和布克赛尔蒙古自治县科技馆	2018	
	呼图壁县科技馆	2018	
	塔城市科技馆	2019	
	乌恰县科技馆	2019	
	昭苏县科技馆	2019	
	乌苏市科技馆	2019	
新疆生产建设兵团	石河子科技馆	2015	1

注：表中灰底区域为地市级以上免费开放科技馆。